생각을 키우는

와이즈만 창의사고력 수학

초등 5·6학년

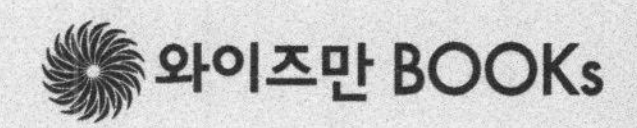

와이즈만 창의사고력 수학 초대장을 받은 친구들에게

수학 친구들의 행복한 수학 놀이터, 와이즈만 창의사고력 수학의 초대장을 받고, 수학 탐험의 세계로 오신 여러분을 환영합니다.

가우스는 열 살 때 선생님께서 1에서 100까지의 합을 구하라는 문제를 내자, 1부터 100까지의 수를 하나 하나 더하는 친구들 사이에서 단번에 정답 5,050을 써냈습니다.

깜짝 놀란 선생님이 어떻게 이렇게 빨리 답을 구했는지 물어보았지요.

그러자 어린 가우스는

"1하고 100하고 더했더니 101이 나와요.
2하고 99하고 더해도 101이 나오고요.
3과 98을 더해도 마찬가지였어요.
그래서 전 101에 100을 곱했어요.
이것은 1부터 100까지 두 번 더한 셈이기 때문에 101에 100을 곱한 후 2로 나누었어요."
라고 말했지요.

덧셈 문제를 단순히 순서대로 더하지 않고 자신만의 창의적인 방법으로 풀어낸 가우스!

가우스는 훗날 세계 3대 수학자들 중 1명이 되었답니다.

가우스처럼 창의적인 방법으로 문제를 풀고 싶지 않나요?

수학은 공식을 외어서, 또는 알고 있는 것을 기억해내서 푸는 것이 아닙니다. 제대로 이해하고, 생각하고 응용하여 해결 열쇠를 만들어내는 것이지요.

와이즈만 창의사고력 수학과 함께한다면 수학을 창의적으로 생각하고 자신 있게 푸는 자신의 모습을 발견하게 될 것입니다. 와이즈만 창의사고력 수학에는 학교에서 배우는 교과서 문제를 비롯해서 수학적 상상력과 창의력을 폭발적으로 뿜어낼 수 있는 수학비밀을 가득 담았습니다.

암호, 퍼즐, 퀴즈, 수학 이야기 등을 통해 예비 영재들이 즐겁고 흥미롭게 수학을 만나고 수학적 사고력과 표현력, 창의적 문제해결력을 향상시킬 수 있게 됩니다.

지금부터 즐겁고 신나게 와이즈만 창의사고력 수학의 비밀을 만나보세요!

와이즈만 창의사고력 수학 사용 설명서

- 자기주도 학습 체크리스트에 공부 계획을 세워 보세요.
- 강의를 듣기 전에 먼저 스스로 생각하며 풀어 보세요.
- 선생님의 친절한 강의를 들을 때는 질문에 대답해 가며 강의에 참여하세요.
- 강의를 듣는 데는 30분이면 충분해요.
- 공부를 마치고 확인란에 체크해 주세요.
- 계획을 잘 실천한 자신을 칭찬해 주세요.

구성과 특징

Stage 2를 먼저 학습해도 좋습니다.

Stage 1

학교 공부 다지기

기본 수학실력 점검과 학교 수업 내용 총정리

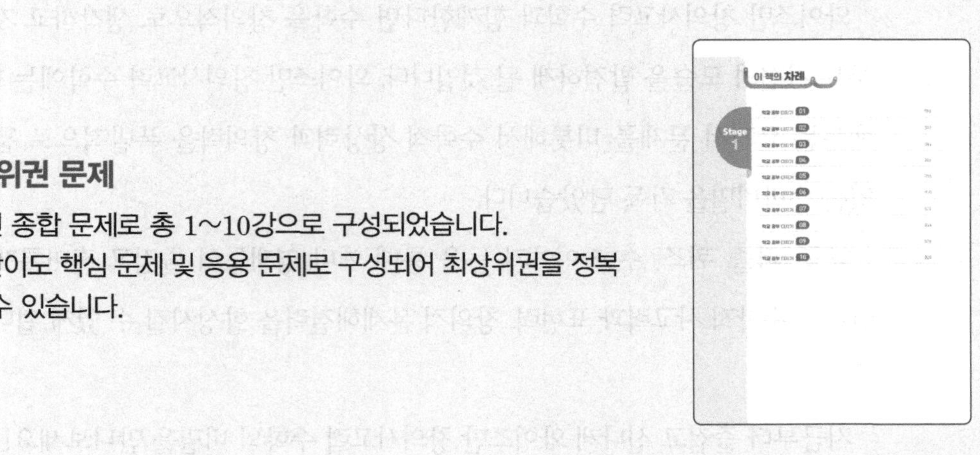

특징 1 최상위권 문제

- 학년 종합 문제로 총 1~10강으로 구성되었습니다.
- 고난이도 핵심 문제 및 응용 문제로 구성되어 최상위권을 정복할 수 있습니다.

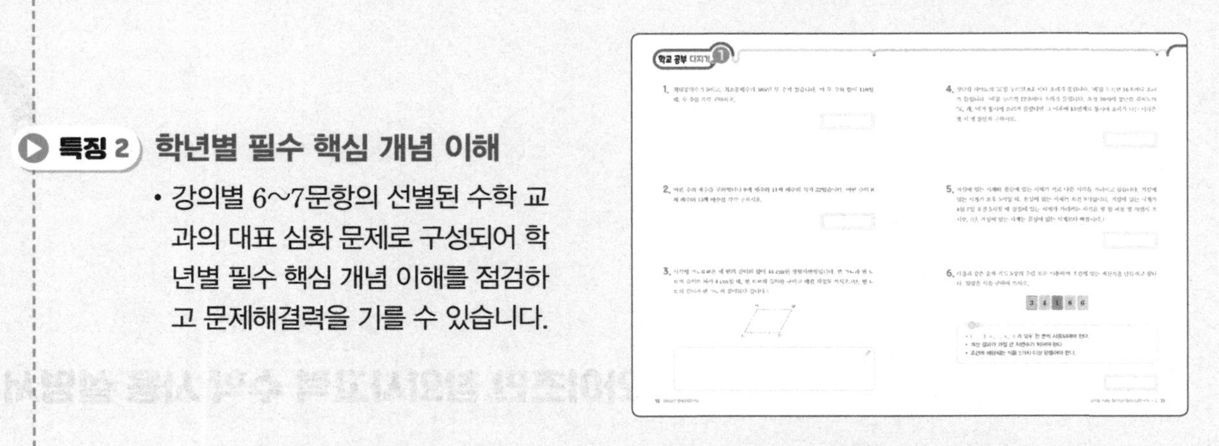

특징 2 학년별 필수 핵심 개념 이해

- 강의별 6~7문항의 선별된 수학 교과의 대표 심화 문제로 구성되어 학년별 필수 핵심 개념 이해를 점검하고 문제해결력을 기를 수 있습니다.

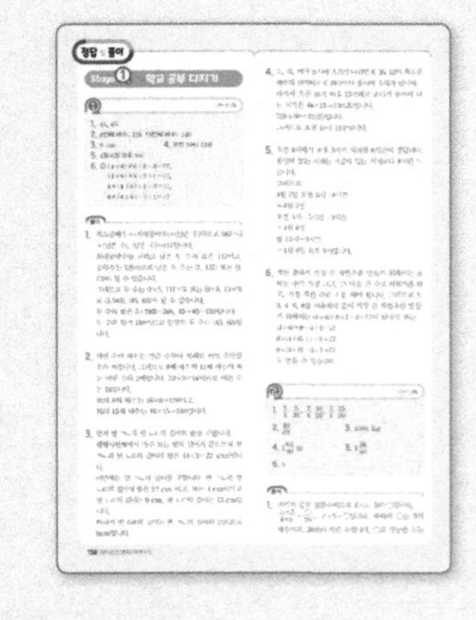

특징 3 문항별 상세한 문제풀이

- 핵심 교과 개념을 한 눈에 알기 쉽게, 꼼꼼하게 문제 풀이로 정리합니다!
- 문항별 상세한 문제풀이로 학습의 이해를 높입니다.

와이즈만 영재탐험 (수학비밀 시리즈)

수학적 사고력과 표현력, 창의적 문제해결력 향상

특징 1 와이즈만의 수학 비밀 선물

- 암호, 퍼즐, 패턴, 논리, 퀴즈 등의 다채로운 문제 유형과 수학비밀 컨셉으로 구성되어 즐겁고 흥미롭게 학습에 참여할 수 있습니다.
- 총 11~40강으로 구성되어 풍성하고 유익한 수학탐험이 가능합니다.

와이즈만 영재탐험 수학 6 둘레와 넓이의 관계 탐구

19 길이의 증가와 넓이의 증가 관계

1. [illegible]

특징 2 흥미진진한 스토리텔링형

- 생활 속에서 접할 수 있는 흥미로운 소재와 학생들의 학년별 수준에 맞는 스토리텔링형 문제로 구성되어 수학에 대한 흥미를 갖게 합니다.

와이즈만 영재탐험 수학 4 최대공약수와 최소공배수 탐구

뻐꾸기의 노래

1. [illegible]

특징 3 창의융합형 사고력 up!

- 수학적 사고력과 이해력을 높이는 창의융합 문제로 구성되어 문제해결력을 기를 수 있습니다.

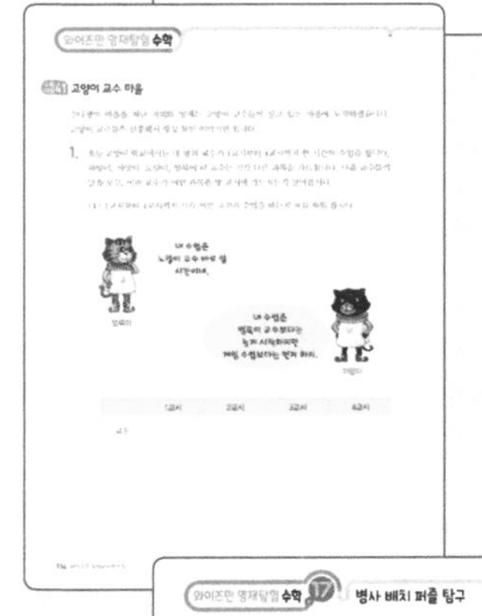

특징 4 영재교육원 대비 맞춤형

- 변화하는 영재교육원 대비 맞춤형 문제 구성으로 수학 사고력 및 창의적 문제해결력을 높이고 도전에 자신감을 갖게 합니다.

와이즈만 영재탐험 수학 17 병사 배치 퍼즐 탐구

병사 배치 퍼즐

[illegible]

특징 5 변화하는 입시에서 꼭 필요한 서술 능력 강화

- 복잡하고 낯선 문제에도 도전하며, 스스로 생각하여 해결의 실마리를 찾고 해결 과정을 논리적으로 서술하는 능력을 길러줍니다.

이 책의 차례

Stage 1

Stage 2

자기주도 학습 체크리스트

- 자기주도 학습 체크리스트에 공부 계획을 세워 보세요.
- 강의를 듣기 전에 먼저 스스로 생각하며 풀어 보세요.
- 선생님의 친절한 강의를 들을 때는 질문에 대답해 가며 강의에 참여하세요.
- 강의를 듣는 데는 30분이면 충분해요.
- 공부를 마치고 확인란에 체크해 주세요.
- 계획을 잘 실천한 자신을 칭찬해 주세요.

영상	단원	계획일	확인
1	학교 공부 다지기 1		
2	학교 공부 다지기 2		
3	학교 공부 다지기 3		
4	학교 공부 다지기 4		
5	학교 공부 다지기 5		
6	학교 공부 다지기 6		
7	학교 공부 다지기 7		
8	학교 공부 다지기 8		
9	학교 공부 다지기 9		
10	학교 공부 다지기 10		

Stage 1

학교 공부 다지기

학교 공부 다지기 1

1. 최대공약수가 5이고, 최소공배수가 585인 두 수가 있습니다. 이 두 수의 합이 110일 때, 두 수를 각각 구하시오.

2. 어떤 수의 배수를 구하였더니 9째 배수와 11째 배수의 차가 32였습니다. 어떤 수의 8째 배수와 15째 배수를 각각 구하시오.

3. 사각형 ㄱㄴㄷㄹ은 네 변의 길이의 합이 44 cm인 평행사변형입니다. 변 ㄱㄴ과 변 ㄴㄷ의 길이의 차가 4 cm일 때, 변 ㄷㄹ의 길이를 구하고 해결 과정도 쓰시오.(단, 변 ㄴㄷ의 길이가 변 ㄱㄴ의 길이보다 깁니다.)

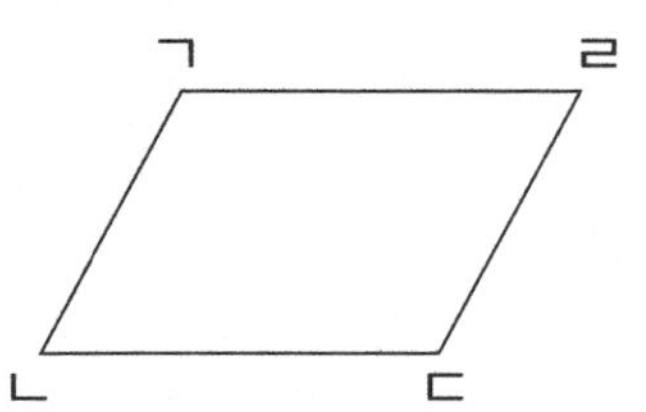

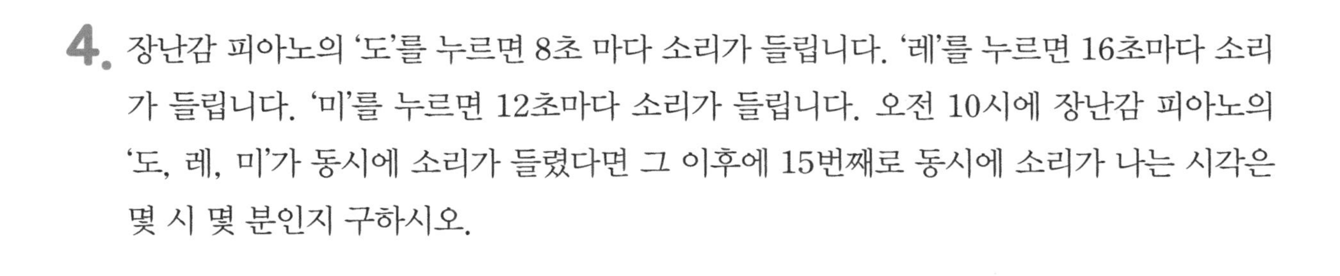

4. 장난감 피아노의 '도'를 누르면 8초 마다 소리가 들립니다. '레'를 누르면 16초마다 소리가 들립니다. '미'를 누르면 12초마다 소리가 들립니다. 오전 10시에 장난감 피아노의 '도, 레, 미'가 동시에 소리가 들렸다면 그 이후에 15번째로 동시에 소리가 나는 시각은 몇 시 몇 분인지 구하시오.

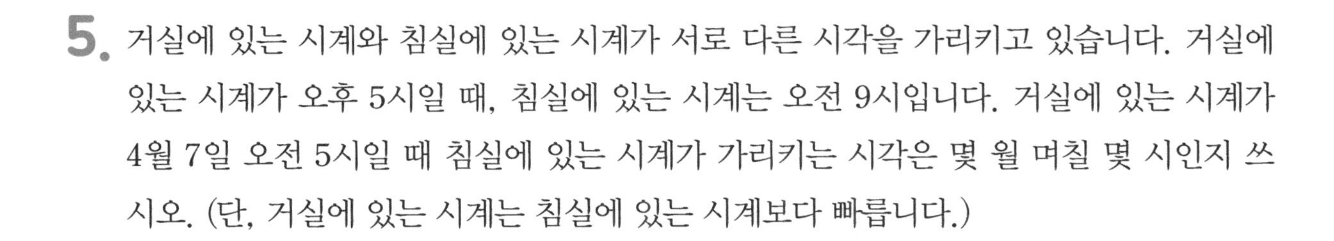

5. 거실에 있는 시계와 침실에 있는 시계가 서로 다른 시각을 가리키고 있습니다. 거실에 있는 시계가 오후 5시일 때, 침실에 있는 시계는 오전 9시입니다. 거실에 있는 시계가 4월 7일 오전 5시일 때 침실에 있는 시계가 가리키는 시각은 몇 월 며칠 몇 시인지 쓰시오. (단, 거실에 있는 시계는 침실에 있는 시계보다 빠릅니다.)

6. 다음과 같은 숫자 카드 5장의 수를 모두 이용하여 조건에 맞는 계산식을 만들려고 합니다. 알맞은 식을 구하여 쓰시오.

- (　　), +, −, ×, ÷가 모두 한 번씩 사용되어야 한다.
- 계산 결과가 가장 큰 자연수가 되어야 한다.
- 조건에 해당되는 식을 2가지 이상 만들어야 한다.

1. 다음 제시된 두 분수는 크기가 같고 모두 진분수입니다. 분자 △과 ○의 값이 다를 경우, △과 ○에 알맞은 수를 넣어 완성할 수 있는 경우를 모두 구하시오.

$$\frac{\triangle}{4} \quad \frac{\bigcirc}{20}$$

2. 진분수의 분모와 분자의 최소공배수가 441입니다. 이 분수를 기약분수로 나타내었을 때 $\frac{7}{9}$입니다. 이 분수를 구하시오.

3. 행복아파트의 재활용품 분리 수거날입니다. 분리수거장에 재활용품이 1 kg에서 5분마다 2배씩 늘어나고 있습니다. 행복아파트의 분리수거장이 9곳이라면 40분 뒤에 모은 재활용품은 모두 몇 kg인지 구하시오.

4. 색은 다르지만, 길이가 $2\frac{4}{5}$ m인 종이끈을 3장 붙였습니다. 이때 일정한 길이만큼씩 겹치게 붙였습니다. 완성한 길이는 $4\frac{5}{9}$ m가 되었습니다. 종이끈을 붙일 때 몇 m씩 이어 붙인 것인지 구하시오.

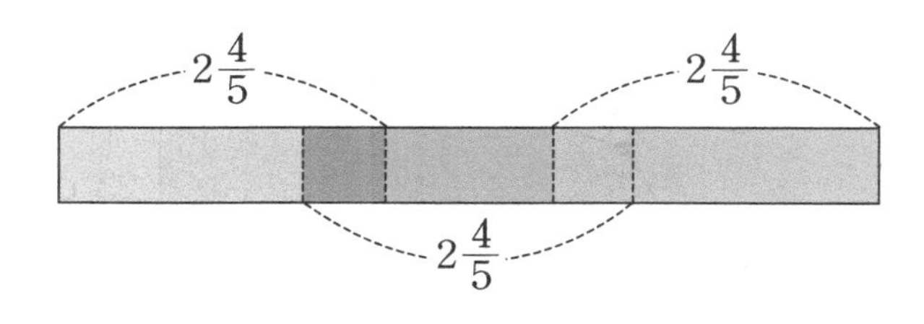

5. 상자에 소금을 넣고 무게를 재었더니 $6\frac{4}{5}$ kg이었습니다. 상자에 든 소금의 절반을 덜어내고, 무게를 재었더니 $4\frac{3}{8}$ kg이었습니다. 상자의 무게는 몇 kg인지 구하시오.

6. 다음 식을 보고 □ 안에 들어갈 수 있는 가장 작은 자연수를 구하시오.

$$\frac{2}{\square} < \frac{6}{10} < \frac{8}{11}$$

1. 사다리꼴 ㄱㄴㄷㄹ의 넓이가 481 cm^2라면, 사다리꼴 ㄱㅁㄷㅂ의 높이는 얼마인지 구하시오.

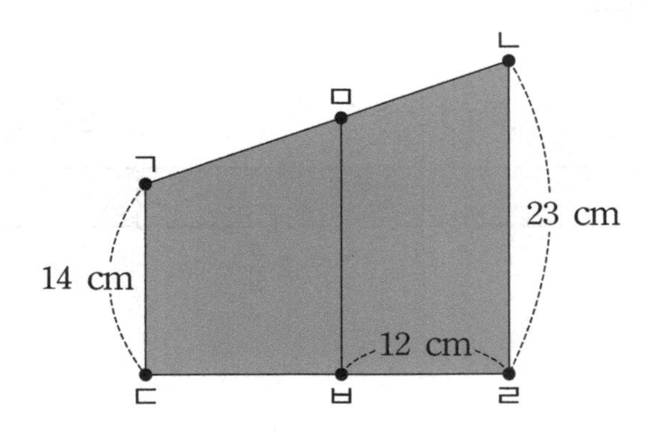

2. 다음은 정사각형 3개를 연결하여 붙인 도형입니다. 색칠한 부분의 넓이를 구하시오.

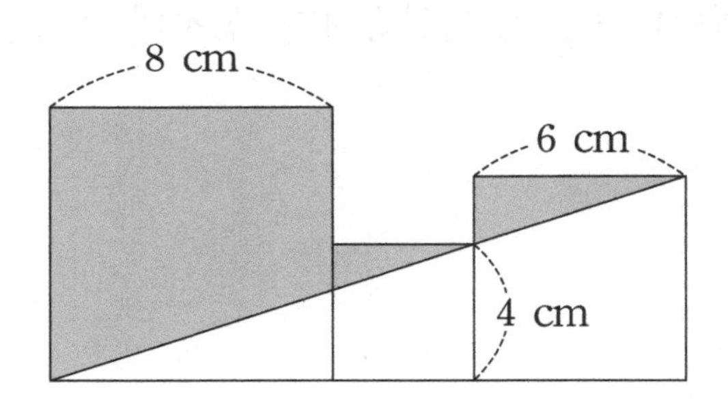

3. 사랑초등학교 5학년 학생들이 체험학습을 가려고 합니다. 모든 학생들이 타려면 45인승 버스가 적어도 7대 필요합니다. 사랑초등학교 5학년 학생들의 수는 몇 명 이상 몇 명 이하인지 구하시오.

4. 제시된 도형은 평행사변형입니다. 도형 안의 선분 ㄱㅇ의 길이는 몇인지 구하시오.

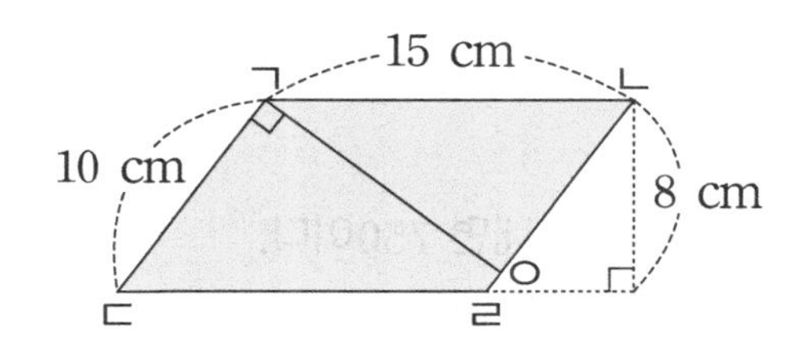

5. 둘레가 55 cm 이상 70 cm 미만인 정오각형을 그리려고 합니다. 다음 중 정오각형의 한 변의 길이가 될 수 없는 수의 범위를 모두 구하시오.

6. 다음 도형의 둘레를 합한 값은 얼마입니까?

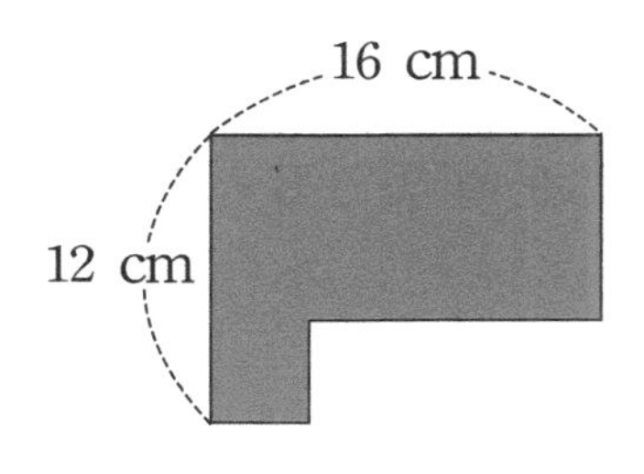

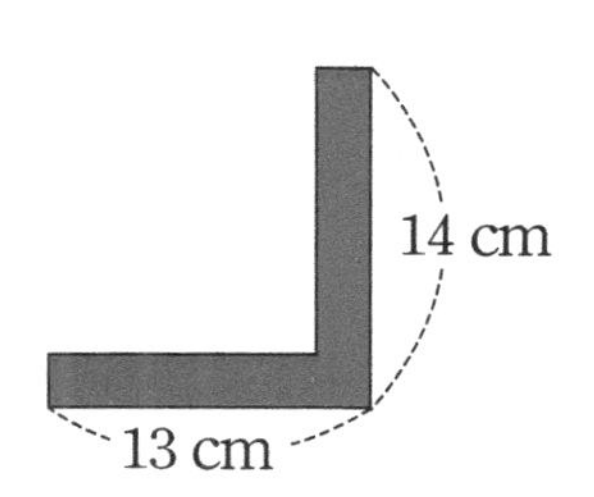

1. 보기의 조건을 만족하는 수를 모두 구하시오.

[보기]
① 세 자리 수이다.
② 버림하여 십의 자리까지 나타내면 750이다.
③ 반올림하여 십의 자리까지 나타내면 750이고, 올림하여 십의 자리까지 나타내면 760이다.

2. 지영이는 어제는 수학 공책 전체의 $\frac{4}{9}$를 사용했고, 오늘은 어제 사용하고 난 나머지의 $\frac{2}{5}$를 사용했더니 수학 공책의 사용하지 않은 쪽이 30쪽이었습니다. 수학 공책의 전체 쪽 수는 몇 쪽인지 구하시오.

3. 서준이는 장난감의 $\frac{3}{8}$을 자기집에 두었고, 나머지는 모두 이웃집 동생에게 주었습니다. 학교에서 열린 알뜰 시장에 서준이는 자기 집에 있는 장난감의 $\frac{1}{6}$을 내고, 이웃집 동생은 서준이에게 받은 장난감의 $\frac{3}{10}$을 내었습니다. 두 사람이 알뜰 시장에 낸 장난감은 처음 서준이가 가지고 있던 장난감의 몇 분의 몇인지 구하시오.

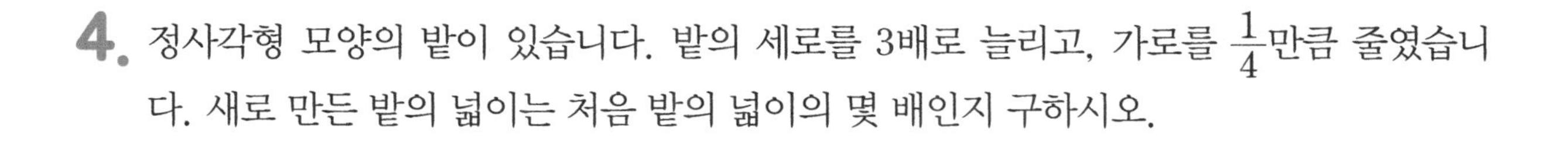

4. 정사각형 모양의 밭이 있습니다. 밭의 세로를 3배로 늘리고, 가로를 $\frac{1}{4}$만큼 줄였습니다. 새로 만든 밭의 넓이는 처음 밭의 넓이의 몇 배인지 구하시오.

5. 네 장의 수 카드를 한 번씩만 사용하여 조건에 맞는 수를 각각 구하시오.

① 만들 수 있는 네 자리 수 중에서 가장 큰 수이다.
② ①에서 만든 수를 올림하여 백의 자리까지 나타낸 수이다.
③ ①에서 만든 수를 버림하여 십의 자리까지 나타낸 수이다.

6. 다음 분수는 일정한 규칙에 따라 쓴 것입니다. 규칙에 따라 나열하면 32째와 71째의 곱은 얼마인지 구하시오.

$\frac{2}{5}$ $\frac{3}{6}$ $\frac{4}{7}$ $\frac{5}{8}$ $\frac{6}{9}$ $\frac{7}{10}$

1. 합동인 직각삼각형 2개를 이용하여 다음과 같이 모양을 만들었습니다. 이 도형의 둘레의 길이를 구하시오.

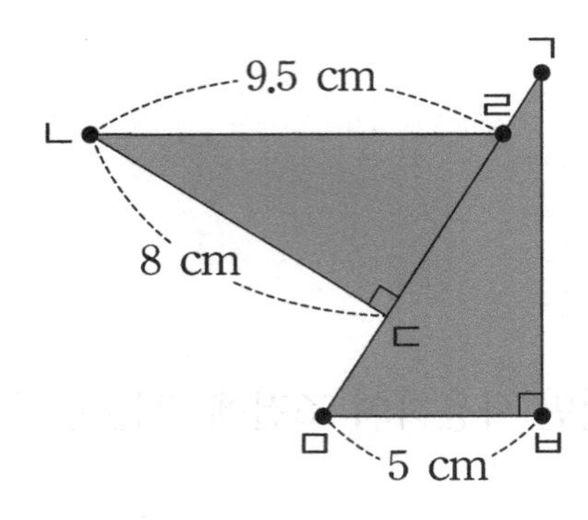

2. 다음은 점대칭 도형의 일부분입니다. 점대칭 도형을 완성했을 때 완성한 점대칭 도형의 둘레의 길이를 구하시오. (단, 대칭의 중심은 점 ㄱ이다.)

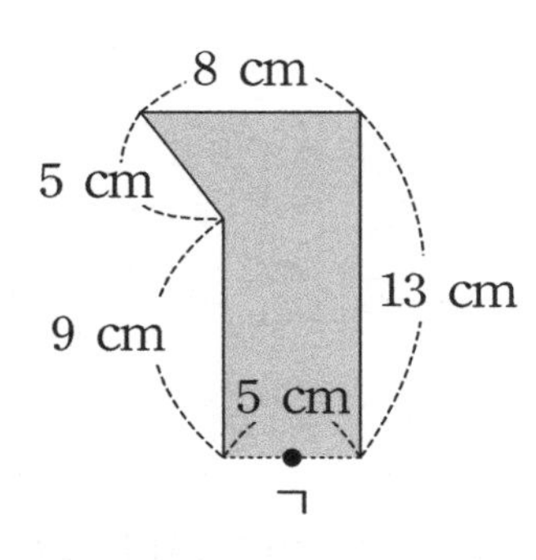

3. 정사각형의 한 변의 길이가 22 cm입니다. 정사각형의 가로와 세로의 길이를 0.6배씩 줄인다면 줄어든 부분의 넓이는 몇 cm^2입니까?

4. 길이가 15.8 m인 철사를 21개 이어 붙였습니다. 철사끼리 잇기 위해 겹친 부분은 0.4 m입니다. 이어 붙인 철사의 전체 길이는 몇 m입니까?

5. 소수 0.7을 68회를 연속하여 곱하였을 때 소수 68번째 자리의 수는 무엇입니까?

6. 두 개의 정육면체가 있습니다. 한 정육면체의 모든 모서리의 합은 216 cm이고, 다른 정육면체의 모든 모서리의 합은 72 cm입니다. 두 개의 정육면체를 세워 두고 위에서 내려다 보았을 때, 보이는 도형의 둘레의 합을 구하시오.

1. 수수깡을 이용하여 다음과 같은 직육면체를 만들었습니다. 직육면체를 만드는 데 사용한 길이의 수수깡으로 정육면체를 2개 만들려고 합니다. 만든 정육면체의 한 모서리의 길이는 몇 cm입니까?

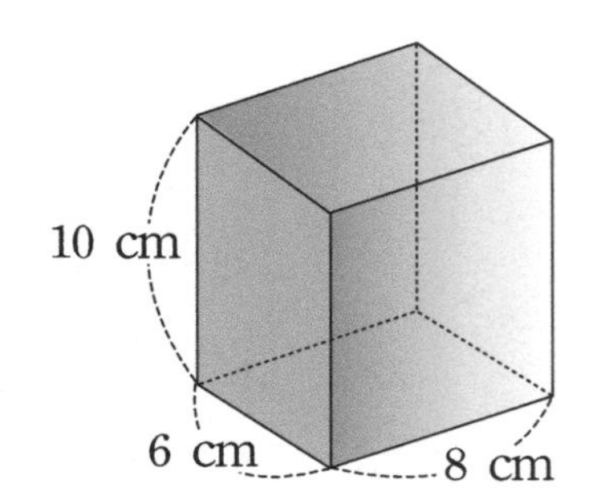

2. 제시된 전개도를 이용하여 직육면체를 만들었습니다. ㄱ과 ㄱ과 평행한 면을 찾아 빨간색으로 색칠을 하려고 합니다. 빨간색으로 색칠한 면의 둘레의 합을 구하시오.

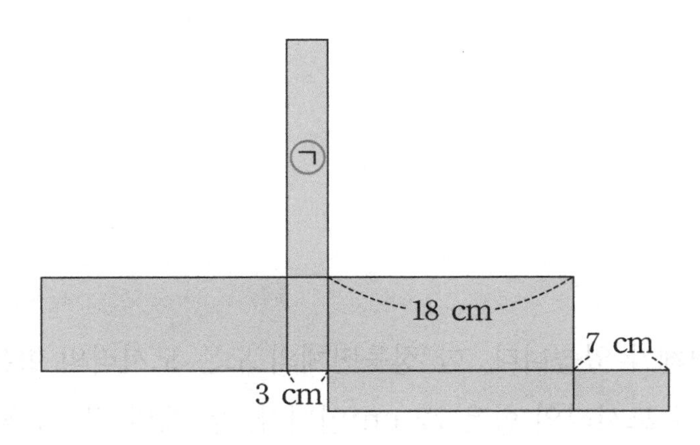

3. 지오와 혜정이의 수학 점수의 평균은 93점이고, 지오의 수학 점수는 선민이의 수학 점수보다 4점이 높습니다. 선민이, 지오, 혜정이의 수학 점수의 평균이 90점일 때, 세 친구 중 수학 점수가 가장 높은 친구의 이름과 점수를 쓰시오.

4. 바구니에 인형을 15개 넣었습니다. 인형에는 1부터 15까지의 자연수 중 서로 다른 수가 붙어 있습니다. 바구니에서 인형을 한 개 꺼낼 때 15의 약수가 적힌 번호를 꺼낼 가능성을 수로 나타내시오.

5. 선미는 넓이가 11 cm^2인 종이를 4조각으로 똑같이 잘랐습니다. 유정이는 넓이가 16 cm^2인 종이를 6조각으로 똑같이 잘랐습니다. 두 사람이 자른 종이 조각 중 한 개씩 골랐을 때, 두 조각의 넓이의 합을 쓰시오.

6. 둘레가 $\frac{7}{9}$인 직사각형의 가로와 세로의 합은 세로의 3배와 같습니다. 이 직사각형의 가로를 구하시오.

학교 공부 다지기 7

1. 모든 모서리의 길이가 같고 꼭짓점이 16개인 각기둥이 있습니다. 각기둥의 한 모서리의 길이가 5 cm라면 각기둥의 모든 모서리의 길이의 합을 구하시오.

2. 어떤 사각기둥의 밑면은 가로, 세로가 각각 5 cm, 6 cm인 직사각형입니다. 사각기둥의 전개도를 그린 후 전개도의 넓이를 구했더니 302 cm^2이었습니다. 사각기둥의 높이를 구하시오.

3. 세 변의 길이가 5 cm, 7 cm, 7 cm인 이등변삼각형으로 옆면이 이루어진 각뿔이 있습니다. 각뿔의 모든 모서리의 길이의 합이 144 cm일 때 이 각뿔의 밑면의 변은 모두 몇 개인지 쓰시오.

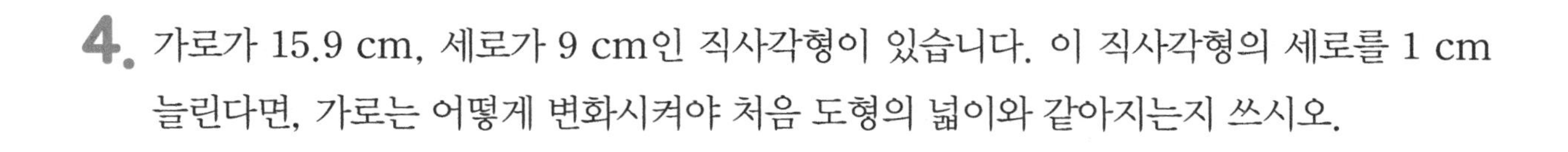

4. 가로가 15.9 cm, 세로가 9 cm인 직사각형이 있습니다. 이 직사각형의 세로를 1 cm 늘린다면, 가로는 어떻게 변화시켜야 처음 도형의 넓이와 같아지는지 쓰시오.

5. 다음 규칙에 따라 65.3♥15를 계산하시오.

$$A♥B=(A-B)\times 3\div B$$

6. □ 안에 들어갈 알맞은 수를 구하시오.

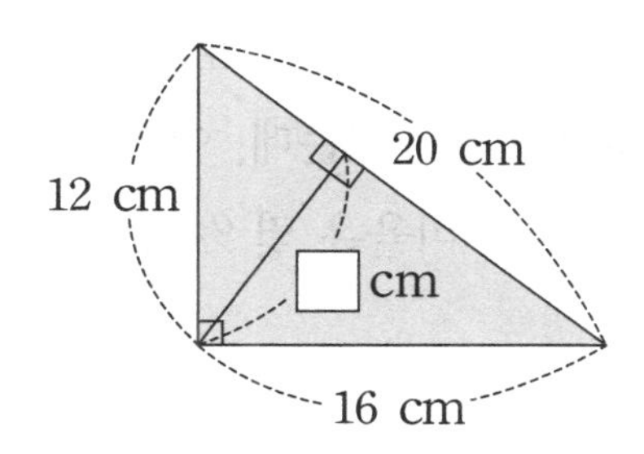

학교 공부 다지기 8

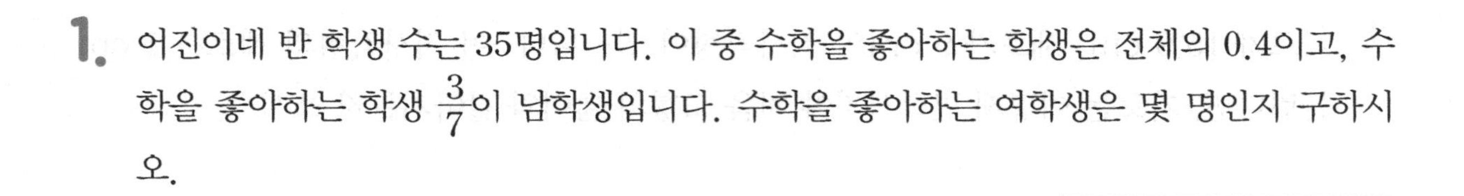

1. 어진이네 반 학생 수는 35명입니다. 이 중 수학을 좋아하는 학생은 전체의 0.4이고, 수학을 좋아하는 학생 $\frac{3}{7}$이 남학생입니다. 수학을 좋아하는 여학생은 몇 명인지 구하시오.

2. 두 삼각형의 밑변의 길이에 대한 높이의 비율을 비교하여 설명하시오.

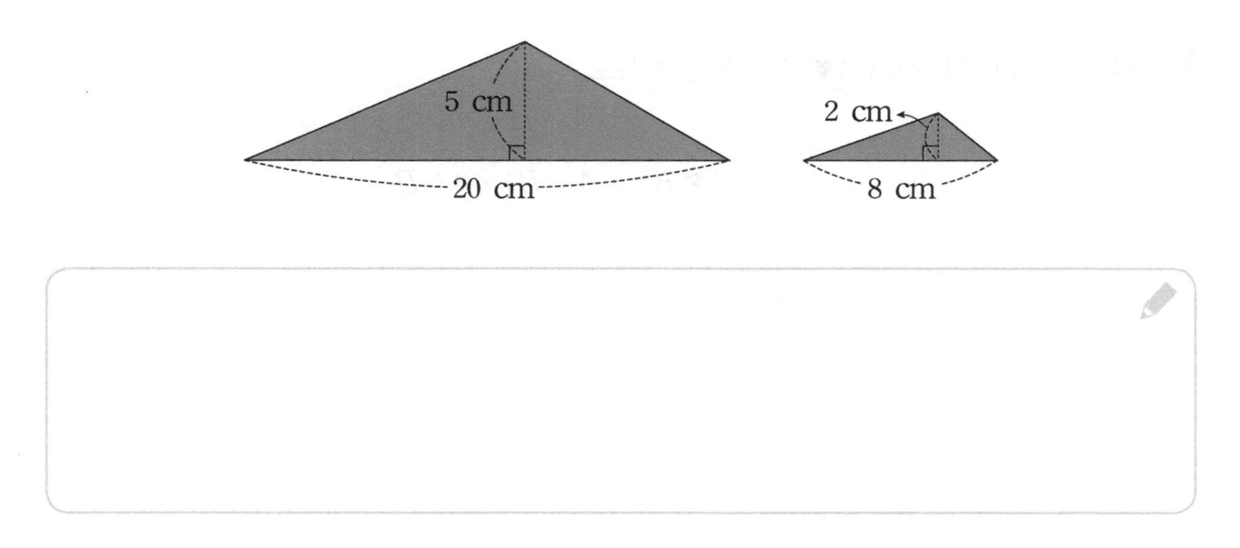

3. 부채를 1개 만들 때마다 이익이 700원이 남고, 불량품이 만들어지면 1개당 500원의 손해가 납니다. 부채를 2500개 만들었는데, 이날 이익금은 1450000원입니다. 이 경우 전체 제품수에 대한 불량품 수의 비율은 몇 %입니까?

4. 다음은 샛별초등학교 5학년 학생들 300명이 좋아하는 계절을 조사하여 나타낸 띠그래프입니다. 5학년 학생 20명이 전학을 와서 가을을 좋아하는 10명, 겨울을 좋아하는 10명이 늘었습니다. 이 때, 전체 학생 수에 대한 겨울을 좋아하는 학생 수의 비율을 백분율로 나타내시오.

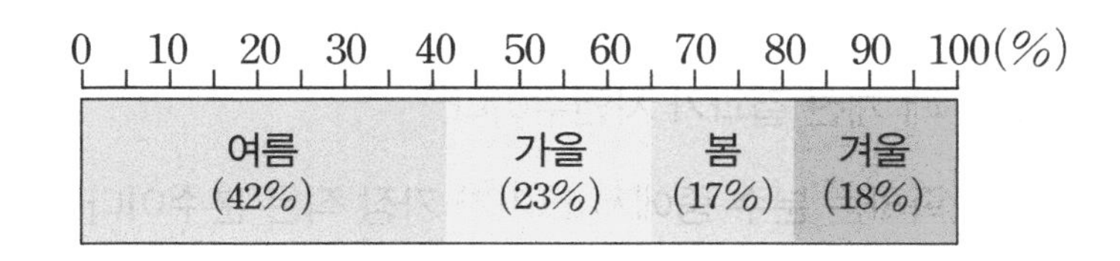

5. 밑면의 둘레가 22 cm이고, 높이가 15 cm인 직육면체 중에서 밑면의 넓이가 가장 넓은 직육면체의 부피는 몇 cm^3입니까?

6. 모든 모서리의 길이의 합이 216 cm인 정육면체가 있습니다. 이 정육면체의 부피는 몇 cm^3입니까?

1. 보기 의 조건에 맞는 값을 구하시오.

- 분수이다.
- $\frac{2}{3}$로 나누었을 때 계산 결과가 자연수이다.
- $\frac{4}{9}$로 나누었을 때 계산 결과가 자연수이다.
- 위의 조건을 만족하는 분수 중에서 크기가 가장 작은 분수이다.

2. □ 안에 들어갈 수 있는 자연수 중에서 가장 작은 수를 구하시오.

$$35 \div \frac{5}{\square} > 12 \div \frac{2}{9}$$

3. 27일은 낮의 길이가 밤의 길이보다 $1\frac{1}{3}$시간 더 길고, 28일은 낮의 길이가 밤의 길이보다 $\frac{3}{4}$시간 더 깁니다. 27일과 28일의 밤의 길이를 각각 구하시오.

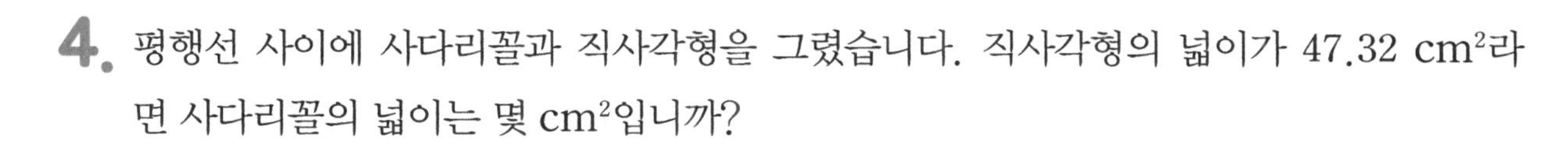

4. 평행선 사이에 사다리꼴과 직사각형을 그렸습니다. 직사각형의 넓이가 47.32 cm^2라면 사다리꼴의 넓이는 몇 cm^2입니까?

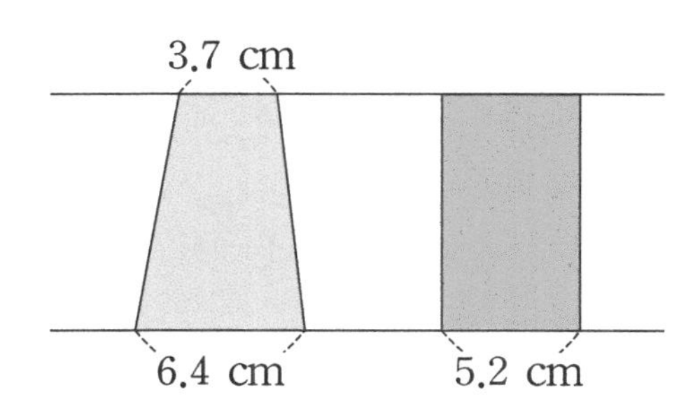

5. 길이가 11 cm인 종이끈을 1.45 cm 겹쳐지게 하여 여러 장을 가로로 이어붙였더니 전체 길이가 182.9 cm가 되었습니다. 11 cm 종이끈을 몇 장 이어붙인 것입니까?

6. 다음 나눗셈의 몫을 반올림하여 소수 첫째 자리까지 나타내면 5.2입니다. 1부터 9까지의 자연수 중에서 □ 안에 들어갈 수 있는 수를 모두 구하시오.

$8.\square 4 \div 1.6$

1. 철사로 리본을 한 개 만드는 데 2 m가 필요합니다. 철사로 리본 7개를 만들면 3.8 m가 남습니다. 같은 철사로 1개 만드는 데 철사 3.4 m가 필요한 리본을 만든다면 몇 개 만들 수 있고, 남는 철사는 몇 m입니까?

[ ], [ ]

2. 주말에 여행을 가기 위해서 선민이 어머니께서 한 호텔에 전화해서 남은 객실의 수를 알아보았습니다. 호텔 안내원은 호텔 전체 객실 1250개 중에서 특실은 30 %인데 특실의 60 %와 일반실의 $\frac{1}{5}$이 찼다고 말했습니다. 이 호텔에 남은 객실은 모두 몇 개인지 구하시오.

[ ]

3. 가로와 세로의 비가 7 : 4이고 넓이가 1008 cm^2인 직사각형의 가로와 세로는 각각 몇 cm인지 구하시오.

[ ]

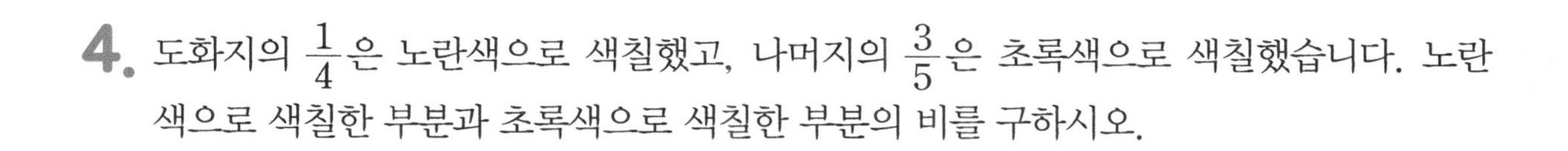

4. 도화지의 $\frac{1}{4}$은 노란색으로 색칠했고, 나머지의 $\frac{3}{5}$은 초록색으로 색칠했습니다. 노란색으로 색칠한 부분과 초록색으로 색칠한 부분의 비를 구하시오.

5. 윗변의 길이가 12 cm, 아랫변의 길이가 15 cm인 사다리꼴 안에 그릴 수 있는 가장 큰 원을 그렸습니다. 사다리꼴의 넓이가 135 cm^2일 때, 사다리꼴 안에 그린 원의 원주를 구하시오. (원주율 3.14)

6. 다음 그림과 같이 직각삼각형과 반원을 그렸습니다. 그림에서 초록색과 주황색으로 색칠한 부분의 넓이가 같습니다. 이때 직각삼각형의 높이는 몇 cm인지 구하시오. (원주율 3.14)

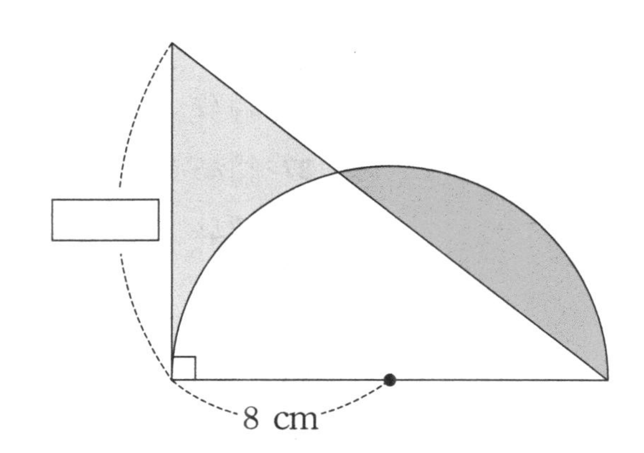

자기주도 학습 체크리스트

- 자기주도 학습 체크리스트에 공부 계획을 세워 보세요.
- 강의를 듣기 전에 먼저 스스로 생각하며 풀어 보세요.
- 선생님의 친절한 강의를 들을 때는 질문에 대답해 가며 강의에 참여하세요.
- 강의를 듣는 데는 30분이면 충분해요.
- 공부를 마치고 확인란에 체크해 주세요.
- 계획을 잘 실천한 자신을 칭찬해 주세요.

영상	단원	제목	계획일	확인
11	수학비밀 01	스키테일 암호		
	수학비밀 02	시저 암호		
12	수학비밀 03	나누어떨어지는 수		
13	수학비밀 04	2의 배수, 5의 배수		
	수학비밀 05	4의 배수, 8의 배수, 16의 배수		
14	수학비밀 06	3의 배수, 9의 배수		
15	수학비밀 07	약수가 두 개인 수		
	수학비밀 08	소수를 찾아라		
16	수학비밀 09	소인수분해		
	수학비밀 10	연속한 수의 곱셈		
17	수학비밀 11	0의 개수		
18	수학비밀 12	뻐꾸기의 노래		
19	수학비밀 13	간식 나누기		
	수학비밀 14	최대공약수, 최소공배수 구하기		
	수학비밀 15	최대공약수, 최소공배수 활용		
20	수학비밀 16	사각형의 넓이		
21	수학비밀 17	삼각형의 넓이		
	수학비밀 18	넓이 구하기		
22	수학비밀 19	길이의 증가와 넓이의 증가 관계		
23	수학비밀 20	정사각형 만들기		
	수학비밀 21	도형의 재단		
24	수학비밀 22	분수의 덧셈과 뺄셈		
	수학비밀 23	분수의 곱셈		
25	수학비밀 24	소수의 곱셈		
	수학비밀 25	소수의 나눗셈		

영상	단원	제목	계획일	확인
26	수학비밀 26	짝수와 홀수의 성질		
27	수학비밀 27	생활 속의 짝수와 홀수		
28	수학비밀 28	변하지 않는 짝수, 홀수		
	수학비밀 29	동전 옮기기와 컵 뒤집기		
29	수학비밀 30	마지막에 남는 모양		
	수학비밀 31	좌석 옮기기		
30	수학비밀 32	한붓그리기가 가능한 도형		
31	수학비밀 33	출발점과 도착점 찾기		
32	수학비밀 34	선대칭도형		
	수학비밀 35	선대칭도형 만들기		
33	수학비밀 36	성냥개비 게임		
	수학비밀 37	가장 짧은 길 찾기		
34	수학비밀 38	점대칭도형		
35	수학비밀 39	합동으로 나누기		
	수학비밀 40	수다쟁이 마을		
36	수학비밀 41	고양이 교수 마을		
	수학비밀 42	장난꾸러기 마을		
37	수학비밀 43	노노그램		
38	수학비밀 44	병사 배치 퍼즐		
	수학비밀 45	병사 배치 퍼즐 해결 전략		
39	수학비밀 46	작게 만들어 해결하기		
	수학비밀 47	가짜 금화 찾기		
40	수학비밀 48	곱의 최댓값		

Stage 2

와이즈만 영재탐험 수학

수학비밀 01 스키테일 암호

설명의 창

그리스의 역사학자 플루타르크에 따르면 약 2,500년 전 그리스 지역의 옛 나라인 스파르타에서는 전쟁터에 나가 있는 군대에 비밀 이야기를 전할 때 암호를 사용했다고 합니다. 이들의 암호 방법은 오늘날의 시각에서 보면 매우 간단하지만 그 당시로서는 매우 획기적인 방법이었습니다.

암호 방법은 다음과 같습니다.

1. 전쟁터에 나갈 군대와 본국에 남아있는 정부는 스키테일(Scytale)이라고 하는 같은 굵기의 원통 막대기를 각각 나누어 갖습니다.
2. 암호 담당자는 스키테일에 가느다란 양피지 리본을 위에서 아래로 감은 다음 비밀리에 보내야 할 내용을 옆으로 적습니다.
3. 리본을 풀어내어 펼치면 내용이 암호문으로 나타납니다.
4. 암호를 받아 같은 굵기의 스키테일에 감으면 내용을 읽을 수 있습니다.

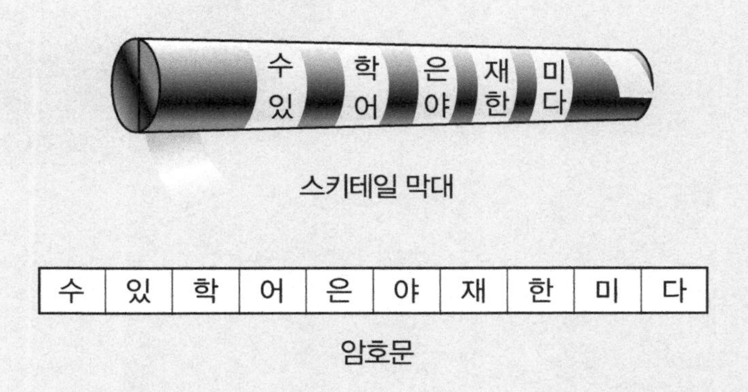

스키테일 막대

수	있	학	어	은	야	재	한	미	다

암호문

1. 다양한 굵기의 원통 막대기를 이용하여 다음 암호문을 풀어 봅시다.

나 께 면 것 학 변 와 있 모 이 으 한 함 으 든 수 로 다

2. 스키테일 암호를 풀면서 발견할 수 있는 규칙을 써 봅시다.

3. 다음과 같은 스키테일 암호문을 발견하였습니다. 그런데 암호를 풀 수 있는 원통 막대기를 발견하지 못하였습니다. 해독할 수 있는 방법을 생각하여 암호문을 풀어 봅시다.

신 를 그 것 만 은 만 밖 은 든 자 들 의 사 것 연 었 모 람 이 수 고 든 이 다

스키테일 암호는 암호를 풀 수 있는 원통 막대기가 없는 다른 사람들이 풀 수 없는 안전한 암호일까요? 자신의 생각을 써 봅시다.

수학 비밀 02 시저 암호

설명의 창

유명한 군인이자 정치가였던 쥴리어스 시저(B.C. 100～B.C. 44)는 암호를 아주 유용하게 다루었습니다. 기원 후 2세기경에 세토니우스가 '시저의 생애'라는 책을 썼는데 그 책에는 다음과 같은 글이 있습니다.

> 시저는 키케로나 친지들에게 비밀리에 편지를 보내고자 할 때 암호를 사용하였다. 시저는 다른 사람들이 알아보지 못하도록 문자들을 다른 문자들로 치환하였다. 다른 사람이 암호를 풀어 내용을 파악하려면 각 문자 대신 알파벳 순서로 보았을 때 그 문자부터 시작하여 세 번째 앞에 오는 문자로 바꾸어야 했다. 즉, 예를 들어 D는 A로 바꾸어야 했다.

시저가 사용한 암호 방법의 대응 규칙을 표로 그려 보면 다음과 같습니다.

평문	A	B	C	D	E	F	G	H	I	J	K	L	M	N	O	P	Q	R	S	T	U	V	W	X	Y	Z
암호문	D	E	F	G	H	I	J	K	L	M	N	O	P	Q	R	S	T	U	V	W	X	Y	Z	A	B	C

각 알파벳을 세 번째 뒤에 오는 알파벳으로 바꾸었습니다. 이때 3을 시저 암호의 키라고 합니다.
예를 들어,

MATH IS THE QUEEN OF THE SCIENCES

를 위 표를 이용하여 암호문을 만든다면

PDWK LV WKH TXHHQ RI WKH VFLHQFHV

로 바뀝니다.
시저 암호의 키는 꼭 3이 아니어도 됩니다. 몇 칸을 움직이는가는 미리 상대방과 정해 놓기만 하면 되는데, 이미 약속한 칸 수는 다른 사람이 절대 알지 못하도록 해야 합니다.

ㄱ	ㄴ	ㄷ	ㄹ	ㅁ	ㅂ	ㅅ	ㅇ	ㅈ	ㅊ	ㅋ	ㅌ	ㅍ	ㅎ	ㅏ	ㅑ	ㅓ	ㅕ	ㅗ	ㅛ	ㅜ	ㅠ	ㅡ	ㅣ

1. 다음은 시저 암호의 키를 4로 하여 만든 암호문입니다. 암호를 풀어 봅시다.

ㅁㄹㅕㅗㅕㅗㅁㅌㅜㄹㅂㄷㅂㅌㅡㅗㅌㅅㅡㅁㅗㅌㅜㅊㅋㅅㅗ

2. 시저 암호의 키가 7일 때 다음 문장을 암호화해 봅시다.

수학의 본질은 그 자유에 있다

수학비밀 03 나누어떨어지는 수

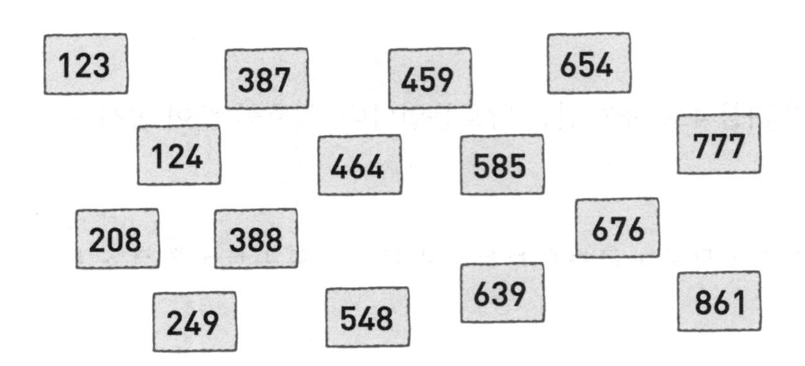

1. 수 카드 중에서 3으로 나누어떨어지는 수를 모두 찾아봅시다.

2. 수 카드 중에서 4로 나누어떨어지는 수를 모두 찾아봅시다.

설명의 창

- 6을 1, 2, 3, 6으로 나누면 나누어떨어집니다. 이때, 1, 2, 3, 6을 6의 약수라고 합니다.
- 6을 1배, 2배, 3배, 4배, …… 한 수 6, 12, 18, 24, ……를 6의 배수라고 합니다.
- 자연수 3, 8, 24 사이에는 $3\times8=24$인 관계가 있습니다. 이때 "24는 3으로 나누어떨어진다", "24는 8로 나누어떨어진다"라고 하며, 이때 3, 8을 24의 약수, 24를 3, 8의 배수라고 합니다.
- 2의 배수를 짝수, 2의 배수가 아닌 수를 홀수라고 합니다.

약수와 배수는 서로 어떤 관계에 있는지 찾아 써 봅시다.

3. 4와 6은 12의 약수입니다. 12의 배수와 약수의 관계에 대해 알아봅시다.

(1) 다음 4장의 카드에 서로 다른 12의 배수를 써 봅시다.

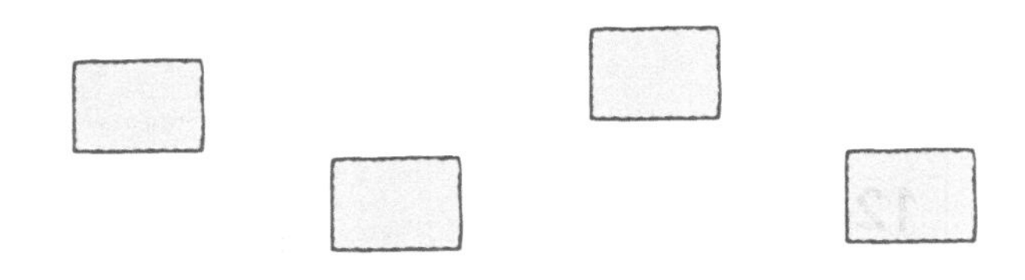

(2) (1)의 네 수가 4의 배수인지, 6의 배수인지 다음 표에 정리해 보고, 표와 같은 결과가 나오는 이유를 써 봅시다.

4의 배수	
6의 배수	
이유	

4. 24를 2, 3으로 나누면 나누어떨어집니다.

(1) 24를 나누었을 때 나누어떨어지는 수를 모두 찾아봅시다.

(2) 24의 약수를 모두 구한 방법을 써 봅시다.

24의 약수의 개수는 몇 개입니까? 또, 24의 배수는 몇 개가 있는지 적어 봅시다.

수학 비밀 04 2의 배수, 5의 배수

1. 다음은 2의 배수, 5의 배수들을 각각 몇 개씩 모아놓은 것입니다. 물음에 답해 봅시다.

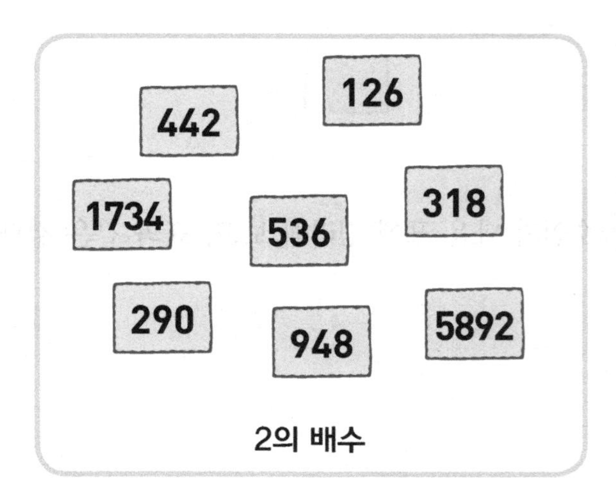

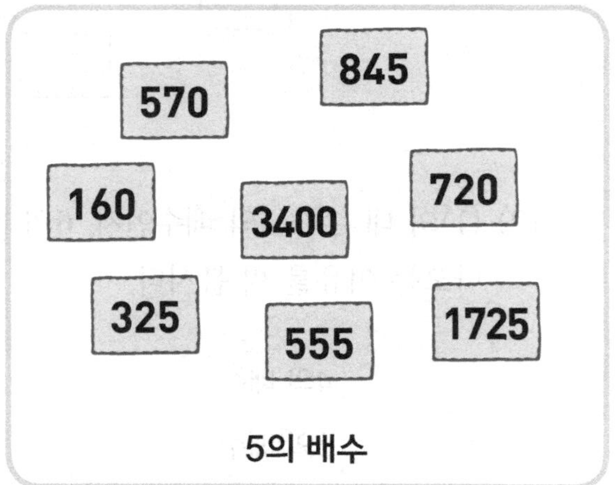

(1) 2의 배수의 특징을 찾아봅시다.

(2) 5의 배수의 특징을 찾아봅시다.

나눗셈을 하지 않고 2로 나누어떨어지는 수, 5로 나누어떨어지는 수를 찾는 방법을 써 봅시다.

2. 2의 배수 판정법을 알아봅시다.

(1) 다음 빈칸을 알맞게 채워 2의 배수 판정법을 정리해 봅시다.

일의 자리의 수가 (   )인 수는
모두 2의 배수입니다.

(2) 다음 빈칸을 채워 봅시다.

10은 2의 (   )입니다.
2는 10의 (   )입니다.

3. 다음 빈칸을 알맞게 채우고, 5의 배수 판정법의 원리를 정리해 봅시다.

일의 자리의 수가 (   )인 수는 모두 5의 배수입니다.

수학 비밀 05 4의 배수, 8의 배수, 16의 배수

1. 영재는 퀴즈 대회 예선에서 다음과 같은 문제를 받았습니다. 영재를 도와 문제를 해결하고, 4의 배수 판정법을 알아봅시다.

(1) 영재가 받은 퀴즈 대회 예선 문제를 풀어 봅시다.

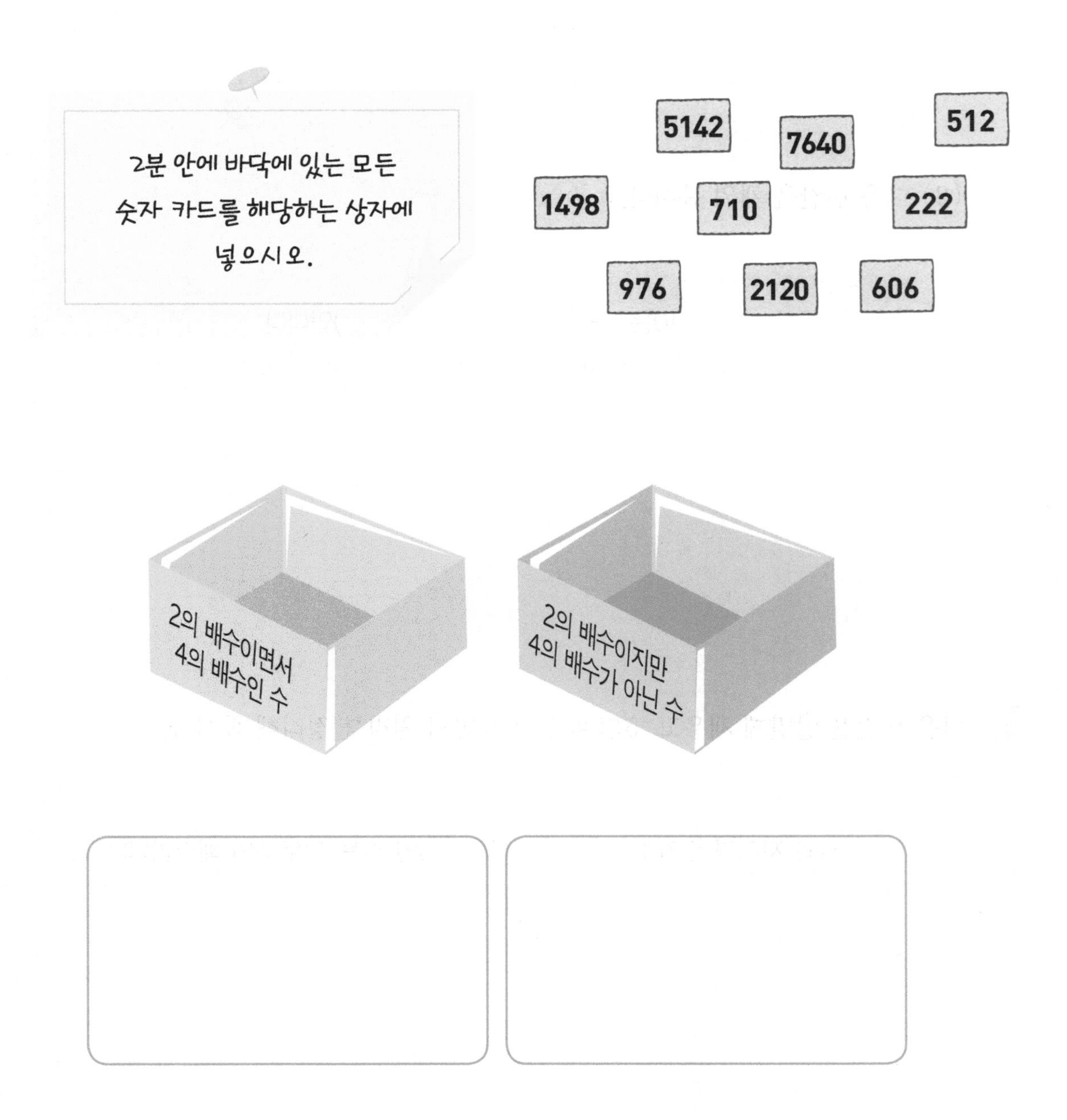

(2) 아래 식을 이용하여 두 상자에 담긴 숫자 카드들의 공통점과 차이점을 찾아 써 봅시다.

$$100 = 4 \times 25$$

(3) 4의 배수 판정법을 써 봅시다.

2. 아래 식을 이용하여 8의 배수 판정법과 16의 배수 판정법을 써 봅시다.

$$1000 = 8 \times 125$$
$$10000 = 16 \times 625$$

3. 지혜가 받은 예선 문제를 풀어 봅시다.

8490125601
8의 배수인지 아닌지
1분 안에 계산하시오.

4. 창의가 받은 예선 문제를 풀어 봅시다.

3614165□2가 16의 배수가 되도록
□로 가능한 수를 모두 구해 보시오.
제한시간은 3분입니다.

수학비밀 06 3의 배수, 9의 배수

1. 9의 배수 판정법을 알아봅시다.

(1) 가로 열 줄, 세로 열 줄의 모두 100칸으로 이루어진 퍼즐 판이 있습니다. 아래의 9칸으로 만든 조각 여러 개를 이용하여 퍼즐 판을 채울 수 있을까요? 그 이유를 써 봅시다.

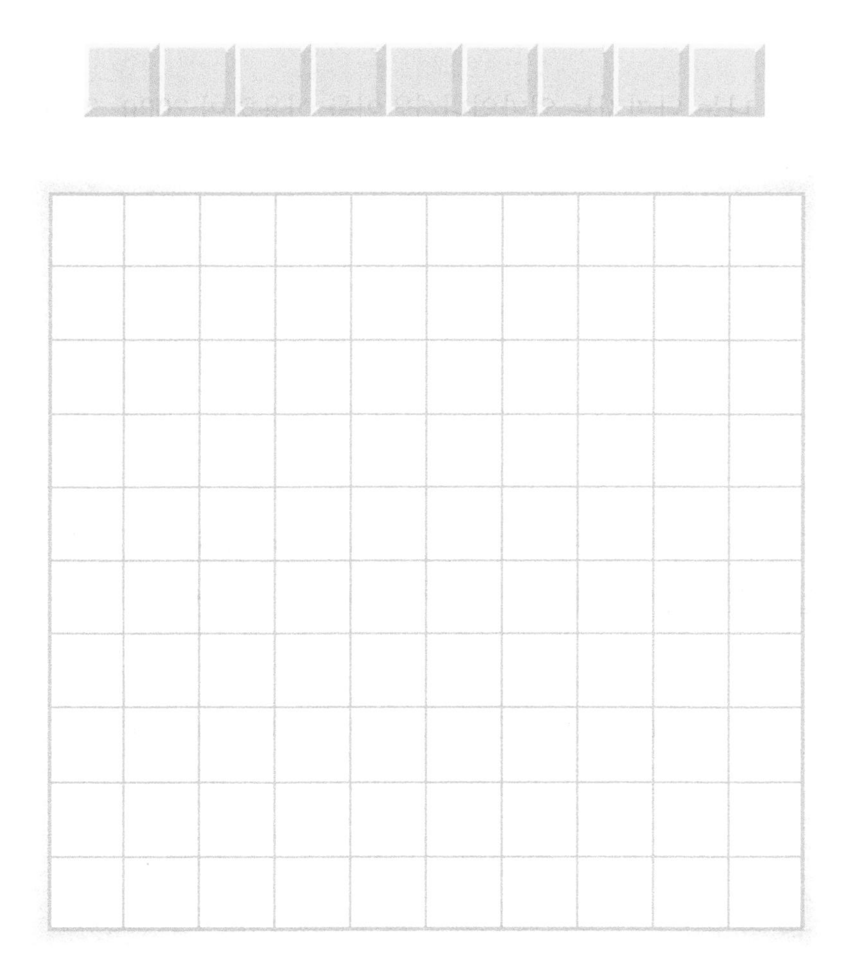

(2) 가로 스무 줄, 세로 열 줄의 모두 200칸으로 이루어진 퍼즐 판을 위의 9칸으로 만든 조각 여러 개를 이용하여 채울 수 있을까요? 그 이유를 써 봅시다.

(3) (1), (2)에서 100, 200을 9로 나눈 나머지를 확인할 수 있습니다. 300, 400, 500, …… , 800을 9로 나누면 나머지가 얼마인지 (1)을 이용하여 구해 봅시다.

(4) 1000을 9로 나눈 나머지는 얼마입니까? 이를 이용하여 2000, 3000, …… , 8000을 9로 나눈 나머지도 구해 봅시다.

(5) 어떤 수의 각 자리 수를 모두 더한 값이 9의 배수이면 어떤 수는 9의 배수입니다. 아래 식을 이용하여 9의 배수 판정법의 원리를 적어 봅시다.

$$87651 = 80000 + 7000 + 600 + 50 + 1$$

2. 다음 수는 9의 배수입니다. □ 안에 들어갈 알맞은 수를 구해 봅시다.

1357□7531

3. 다음 수를 9로 나누었을 때 나머지를 구해 봅시다. 어떤 방법으로 나머지를 구했는지 설명해 봅시다.

1121231234

4. 9의 배수 판정법의 원리를 이용하여 3의 배수 판정법을 쓰고, 그 원리를 적어 봅시다.

수학비밀 07 약수가 두 개인 수

1. 세로 줄에 있는 수의 배수를 가로 줄에서 찾아 ✓ 를 표시해 봅시다. 가장 아래 줄에는 각 칸의 위쪽 세로 줄에 있는 ✓ 의 개수를 적어 봅시다.

	1	2	3	4	5	6	7	8	9	10	11	12	13	14	15	16	17	18	19	20	21	22	23	24	25
1	✓	✓	✓	✓	✓	✓	✓	✓	✓	✓	✓	✓	✓	✓	✓	✓	✓	✓	✓	✓	✓	✓	✓	✓	✓
2		✓		✓		✓		✓		✓		✓		✓		✓		✓		✓		✓		✓	
3			✓			✓			✓			✓			✓			✓			✓			✓	
4																									
5																									
6																									
7																									
8																									
9																									
10																									
11																									
12																									
13																									
14																									
15																									
16																									
17																									
18																									
19																									
20																									
21																									
22																									
23																									
24																									
25																									

표에서 발견할 수 있는 특징을 찾아 써 봅시다.

2. 짝수의 약수는 모두 짝수입니까? 홀수의 약수는 모두 홀수입니까?

3. 약수의 개수가 홀수 개인 수들의 공통점을 찾아 써 봅시다.

4. 표에서 약수의 개수가 두 개인 수를 모두 써 봅시다.

설명의 창

1보다 큰 자연수 중에서 1과 자기 자신으로만 나누어떨어지는 수를 소수라고 합니다. 즉 소수는 약수가 1과 자기 자신 두 개뿐인 수입니다.

어떤 방법으로 100보다 작은 소수를 모두 찾을 수 있을까요?

수학 비밀 08 소수를 찾아라

설명의 창

에라토스테네스의 체(Sieve of Eratosthenes)란 그리스의 수학자이자 지리학자인 에라토스테네스가 고안한 소수를 찾는 방법입니다. 소수를 찾는 방법은 다음과 같습니다.

① 1부터 자연수를 차례대로 쓰고 1을 지웁니다.
② 남아있는 자연수 중 가장 작은 2에 ◯ 표시를 하고, 나머지 2의 배수를 모두 지웁니다.
③ 남아있는 자연수 중 가장 작은 3에 ◯ 표시를 하고, 나머지 3의 배수를 모두 지웁니다.
④ 남아있는 자연수 중 가장 작은 수에 ◯ 표시를 하고, 나머지 그 수의 배수를 모두 지웁니다.
⑤ ④를 반복합니다.

그러면 체로 친 것처럼 많은 자연수가 지워지고 몇 개의 자연수만 남습니다. 이 남아있는 자연수들이 1과 자기 자신 이외에는 약수를 가지지 않는 소수가 됩니다.

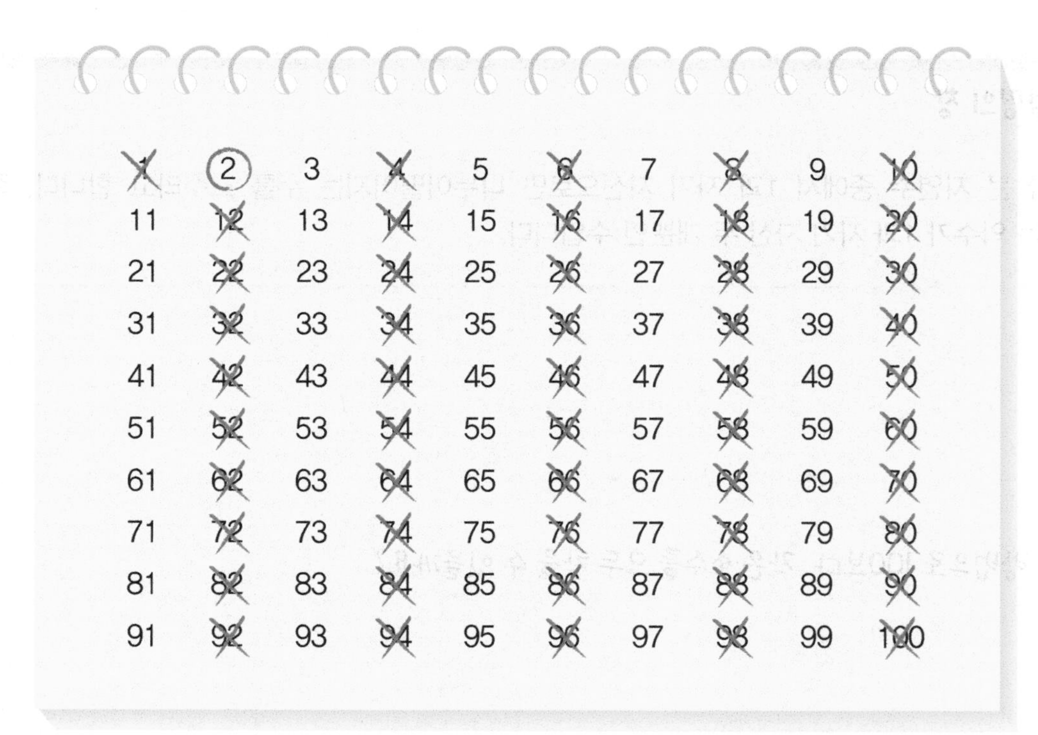

1. 100 이하의 소수를 모두 찾아봅시다.

2. 100 이하의 소수는 모두 몇 개입니까?

자연수 표에서 소수의 위치의 규칙이나 특징을 찾아 써 봅시다.

수학비밀 09 소인수분해

1. 60을 자연수들의 곱으로 나타내어 봅시다.

(1) 60을 2 이상의 두 개의 자연수의 곱으로 나타내어 봅시다.

(2) 60을 2 이상의 세 개의 자연수의 곱으로 나타내어 봅시다.

(3) 60을 가능한 한 많은 수의 2 이상의 자연수의 곱으로 나타내어 봅시다.

60을 최대 몇 개까지 2 이상의 자연수의 곱으로 나타낼 수 있었습니까? 이때, 60을 만들기 위해 곱한 자연수들의 특징을 찾아 써 봅시다.

설명의 창

자연수를 소수들의 곱으로 표현하는 것을 **소인수분해**라고 합니다.

2. 다음 수를 소인수분해해 봅시다.

(1) 72

(2) 110

(3) 240

(4) 612

소인수분해 결과를 친구들과 비교해 봅시다. 모두 같은 결과가 나왔습니까?

수학 비밀 10 연속한 수의 곱셈

1. 다음을 계산해 보고 연속한 두 자연수의 곱은 어떤 공통점이 있는지 찾아봅시다. 연속한 두 자연수의 곱은 항상 2의 배수라고 할 수 있습니까?

2 × 3 =	10 × 11 =
7 × 8 =	20 × 21 =

2. 연속한 세 자연수의 곱은 어떤 공통점이 있는지 찾아봅시다.

(1) 다음을 계산해 봅시다.

2 × 3 × 4 =	10 × 11 × 12 =
5 × 6 × 7 =	14 × 15 × 16 =

(2) 연속한 세 자연수의 곱은 항상 어떤 수의 배수라고 할 수 있습니까? 그 이유를 써 봅시다.

3. 연속한 네 자연수의 곱은 어떤 공통점이 있는지 찾아봅시다.

(1) 다음 연속한 네 자연수에는 어떤 공통점이 있는지 써 봅시다.

$3 \times 4 \times 5 \times 6$	$16 \times 17 \times 18 \times 19$
$7 \times 8 \times 9 \times 10$	$20 \times 21 \times 22 \times 23$

(2) 연속한 네 자연수의 곱은 항상 어떤 수의 배수라고 할 수 있습니까? 그 이유를 써 봅시다.

수학 비밀 11 0의 개수

1. $1\times2\times3\times4\times5=120$입니다. 1에서 5까지의 자연수의 곱의 결과에서 오른쪽 끝에 나오는 0은 어떤 수를 곱했기 때문인지 찾아 써 봅시다.

2. 1에서 10까지의 자연수의 곱의 결과에는 오른쪽 끝에 연속해서 몇 개의 0이 나오는지 구해 봅시다.

3. 여러 개의 자연수를 곱했을 때, 그 결과를 계산하지 않고 오른쪽 끝에 연속해서 몇 개의 0이 나오는지 알 수 있는 방법을 써 봅시다.

4. 1부터 50까지의 자연수를 모두 곱하면, 오른쪽 끝에 연속해서 몇 개의 0이 나오는지 구해 봅시다.

$$1 \times 2 \times 3 \times \cdots\cdots \times 48 \times 49 \times 50$$

수학 비밀 12 뻐꾸기의 노래

1. 동물원의 뻐꾸기 공원에는 뻐꾸기 인형이 두 개 있습니다. 빨간 뻐꾸기 인형은 6분마다 빨간 불이 반짝이고, 파란 뻐꾸기 인형은 9분마다 파란 불이 반짝입니다. 두 뻐꾸기 인형이 동시에 반짝일 때 뻐꾸기 인형이 '뻐꾹, 뻐꾹'하고 노래합니다. 물음에 답해 봅시다.

(1) 오전 7시에 뻐꾸기 인형의 노래를 들을 수 있었습니다. 각각의 뻐꾸기 인형이 불이 반짝이는 시각을 아래 그림에 표시해 봅시다.

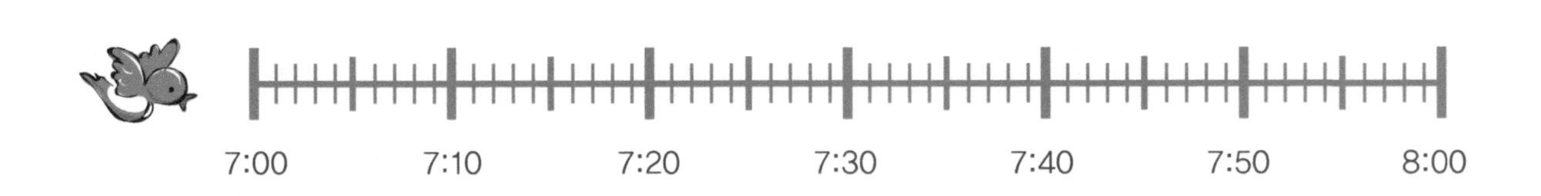

(2) 오전 7시부터 오전 8시까지 뻐꾸기 인형의 노래를 들을 수 있는 시각을 모두 찾아봅 시다. 몇 분마다 뻐꾸기 인형의 노래를 들을 수 있습니까?

(3) 오전 8시부터 오전 11시까지 뻐꾸기 인형이 몇 번 노래하는지 구해 봅시다.

2. 어느 날 뻐꾸기 공원에 12분마다 불이 반짝이는 노란 뻐꾸기 인형이 하나 더 생겼습니다. 이제 세 뻐꾸기 인형이 동시에 반짝일 때 뻐꾸기 인형이 '뻐꾹, 뻐꾹'하고 노래합니다.

(1) 오전 7시에 뻐꾸기 인형의 노래를 들을 수 있었습니다. 각각의 뻐꾸기 인형이 불이 반짝이는 시각을 아래 그림에 표시해 봅시다.

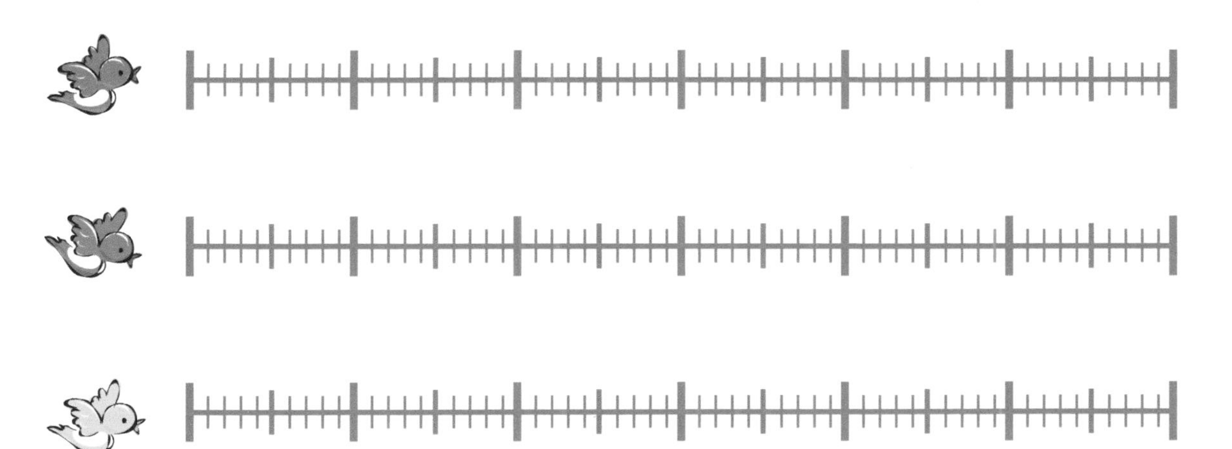

(2) 오전 7시 후에 두 번째로 뻐꾸기 인형의 노래를 들을 수 있는 시각을 찾아봅시다.

(3) 오전 8시부터 오후 8시까지 뻐꾸기 인형이 몇 번 노래하는지 구해 봅시다.

3. 6, 9, 12의 배수를 각각 작은 순서대로 6개씩 구해 봅시다.

6의 배수	
9의 배수	
12의 배수	

설명의 창

- 12의 배수이면서 동시에 30의 배수인 수는 60, 120, 180, …… 등이 있습니다. 이와 같이 12와 30의 공통인 배수 60, 120, 180, …… 등을 12와 30의 **공배수**라고 합니다.
- 12와 30의 공배수 중에서 가장 작은 수 60을 12와 30의 **최소공배수**라고 합니다.

4. 6과 9의 최소공배수는 얼마입니까?

5. 6, 9, 12의 최소공배수는 얼마입니까?

두 수의 최소공배수, 세 수의 최소공배수를 구하는 방법을 적어 봅시다.

6. 6과 9의 공배수를 구하는 방법을 쓰고, 최소공배수와 공배수의 관계를 정리해 봅시다.

수학비밀 13 간식 나누기

1. 간식 상자에 초콜릿 24개, 사탕 36개가 있습니다. 물음에 답해 봅시다.

(1) 상자에 있는 간식을 모두 똑같이 나누어 먹으려고 합니다. 몇 명에게 나누어 줄 수 있는지 다음 표를 완성해 봅시다.

사람(명)	초콜릿(개)	사탕(개)
1	24	36

간식을 똑같이 나누어 줄 수 있는 사람의 수는 어떤 특징을 가지고 있는지 써 봅시다.

(2) 상자에 있는 간식을 모두 똑같이 나누어 줄 때 최대 몇 명에게 똑같이 나누어 줄 수 있습니까?

2. 24와 36의 약수를 모두 구해 봅시다.

24의 약수	
36의 약수	

3. 24와 36의 최대공약수를 구해 봅시다.

두 수의 최대공약수를 구하는 방법을 정리해 봅시다.

4. 24와 36의 공약수를 구하는 방법을 쓰고, 최대공약수와 공약수의 관계를 정리해 봅시다.

설명의 창

- 12의 약수이면서 동시에 30의 약수인 수는 1, 2, 3, 6이 있습니다. 이와 같이 12와 30의 공통인 약수 1, 2, 3, 6을 12와 30의 공약수라고 합니다.
- 12와 30의 공약수 중에서 가장 큰 수 6을 12와 30의 최대공약수라고 합니다.

수학 비밀 14 최대공약수, 최소공배수 구하기

1. 소인수분해를 이용하여 최대공약수를 구하는 방법을 찾아봅시다.

(1) 48, 60의 최대공약수는 12입니다. 12, 48, 60을 소인수분해해 봅시다.

(1)의 결과를 비교해 보고 12, 48, 60의 소인수분해 결과는 어떤 관계가 있는지 써 봅시다.

(2) 소인수분해를 이용하여 최대공약수를 찾는 방법을 적어 봅시다.

2. 소인수분해를 이용하여 최소공배수를 구하는 방법을 찾아봅시다.

(1) 48과 60의 최소공배수는 240입니다. 48, 60, 240을 소인수분해해 봅시다.

(2) (1)의 결과로부터 소인수분해를 이용하여 최소공배수를 찾는 방법을 적어 봅시다.

3. 최대공약수, 최소공배수를 구하는 다른 방법을 알아봅시다.

(1) 다음 식은 48과 60을 공약수가 1밖에 없을 때까지 공약수들로 나눈 것입니다. 이를 이용하여 최대공약수를 구해 봅시다.

$$\begin{array}{r|rr} 2 & 48 & 60 \\ \hline 2 & 24 & 30 \\ \hline 3 & 12 & 15 \\ \hline & 4 & 5 \end{array}$$

(2) 위 식을 이용하여 48과 60의 최소공배수를 구해 봅시다.

수학 비밀 15 최대공약수, 최소공배수 활용

최대공약수, 최소공배수를 이용하여 다음 문제를 풀어 봅시다.

1. 다음과 같은 나무 도막 여러 개를 이용하여 만들 수 있는 가장 작은 정육면체를 만들려고 합니다. (정육면체는 모든 면이 정사각형으로 되어 있는 주사위 모양의 입체입니다.)

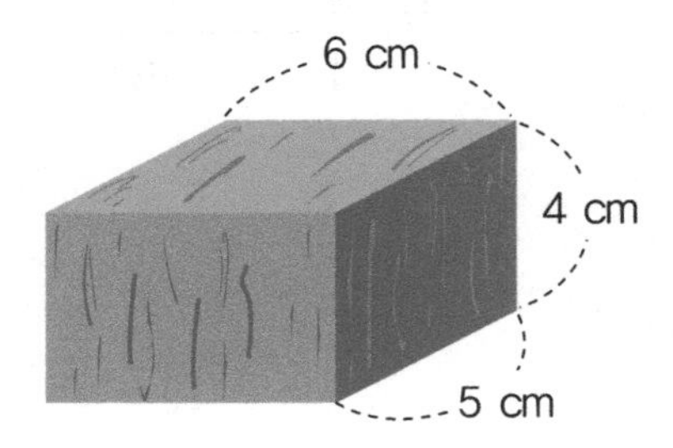

(1) 만들 수 있는 가장 작은 정육면체의 한 모서리의 길이는 얼마입니까?

(2) 주어진 나무 도막을 가로, 세로, 높이에 각각 몇 개씩 쌓아야 하는지 구해 봅시다.

2. 직사각형 모양의 초콜릿을 크기가 같은 정사각형으로 빈틈없이 자르려고 합니다. 가장 큰 정사각형으로 자를 때, 정사각형의 한 변의 길이를 구해 봅시다.

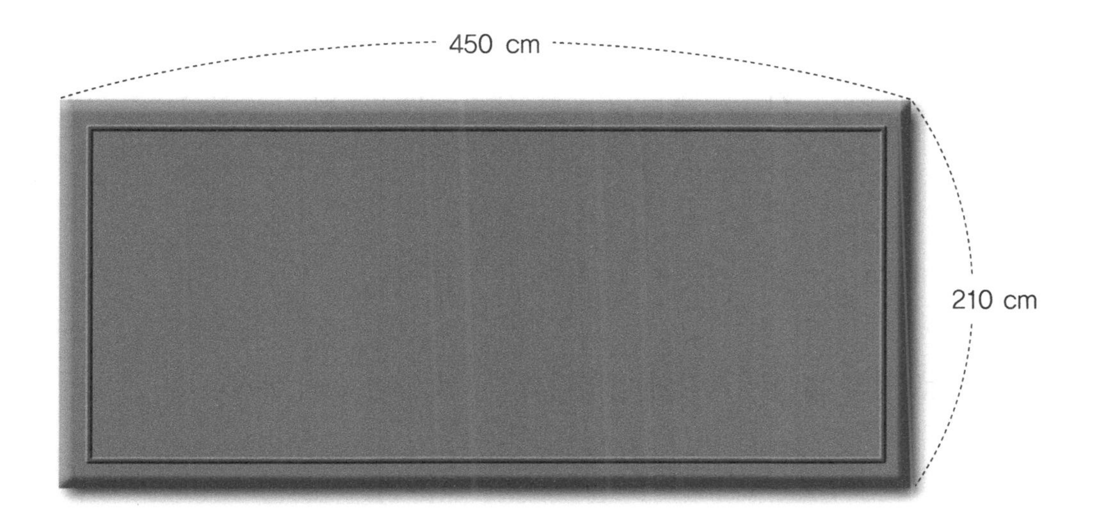

수학비밀 16 사각형의 넓이

1. 다음 사각형들의 넓이를 구해 봅시다.

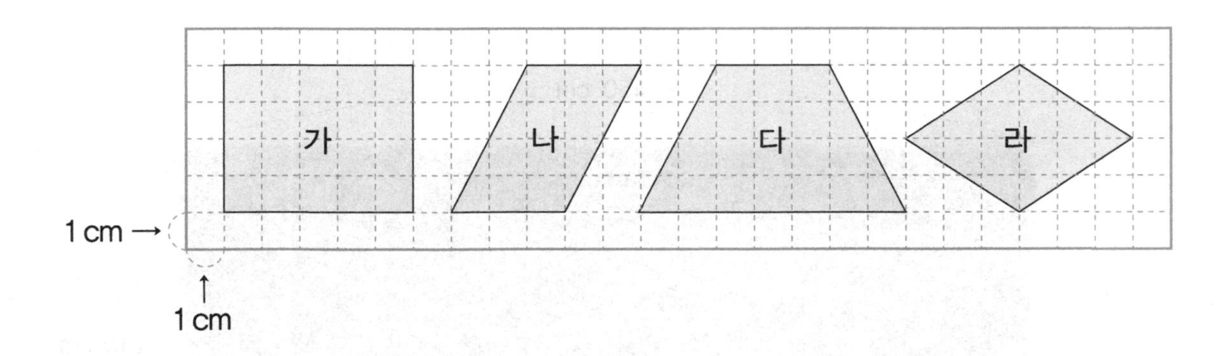

(1) 사각형들의 넓이는 각각 얼마입니까? 구한 방법도 써 봅시다.

(2) 모눈 칸을 직접 세어 보지 않고 넓이를 구하는 다른 방법을 찾아 써 봅시다.

2. 사각형의 넓이를 구하는 방법에 대하여 알아봅시다.

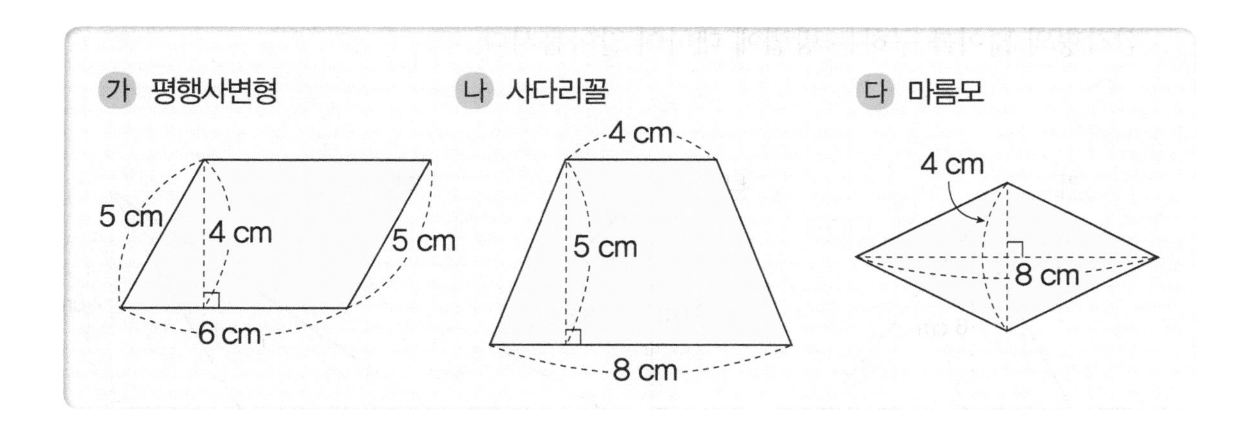

(1) 주어진 사각형의 특징을 써 봅시다.

사각형의 이름	특징
가 평행사변형	
나 사다리꼴	
다 마름모	

(2) 사각형의 특징을 이용하여 주어진 사각형의 넓이를 구하는 방법을 알아보고, 넓이가 얼마인지 써 봅시다.

사각형의 이름	넓이 구하는 방법	넓이
가 평행사변형		
나 사다리꼴		
다 마름모		

수학비밀 17 삼각형의 넓이

1. 삼각형의 넓이를 구하는 방법에 대하여 알아봅시다.

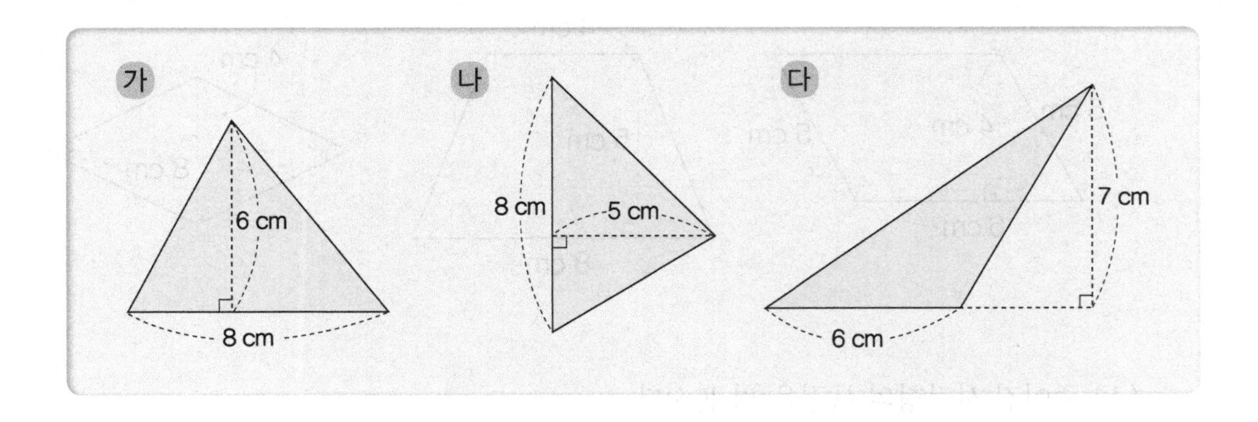

사각형의 넓이를 이용하여 삼각형의 넓이를 구해 보고, 구한 방법도 써 봅시다.

2. 밑변의 길이와 높이가 서로 같지만 모양이 다른 삼각형들을 3개 그려 봅시다. 각각의 넓이를 구해 보고, 발견한 내용을 정리해 봅시다.

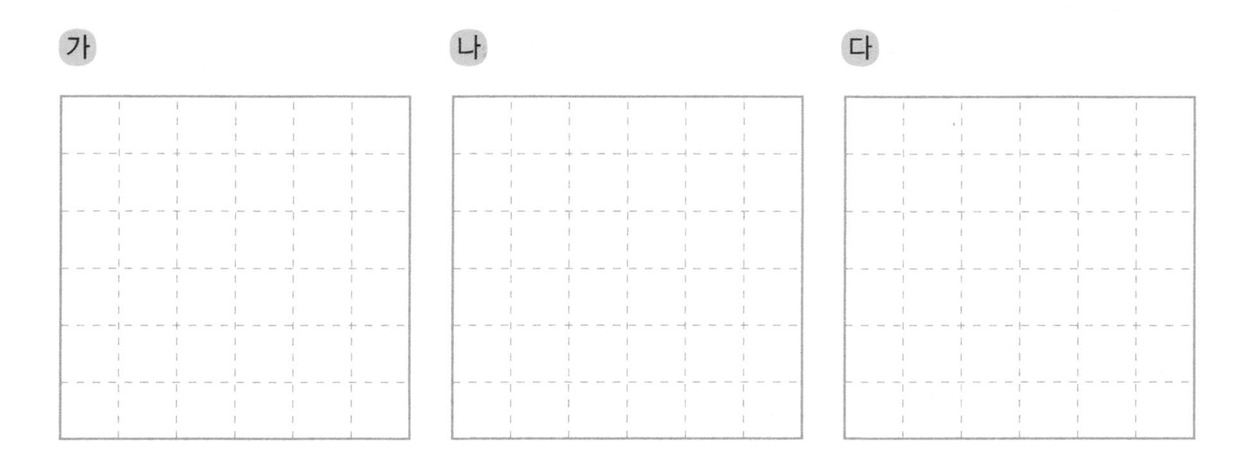

	밑변	높이	넓이
가			
나			
다			

넓이 구하는 방법

설명의 창

1. 평행사변형

평행사변형에서 평행한 두 변을 **밑변**이라 하고, 두 밑변 사이의 거리를 **높이**라고 합니다.

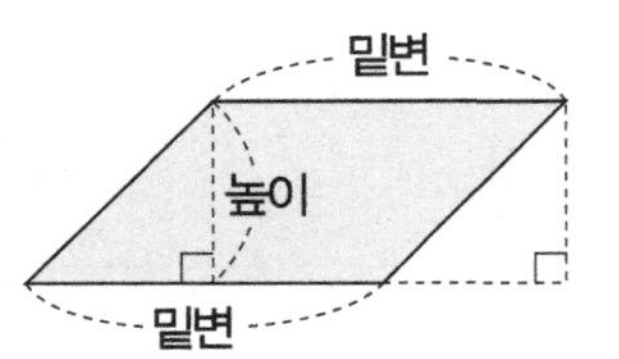

(평행사변형의 넓이)=(　　　　　　)×(　　　　　　)

2. 사다리꼴

사다리꼴에서 평행인 두 변을 밑변이라 하고, 밑변을 위치에 따라 **윗변**, **아랫변**이라고 합니다. 그리고 두 밑변 사이의 거리를 **높이**라고 합니다.

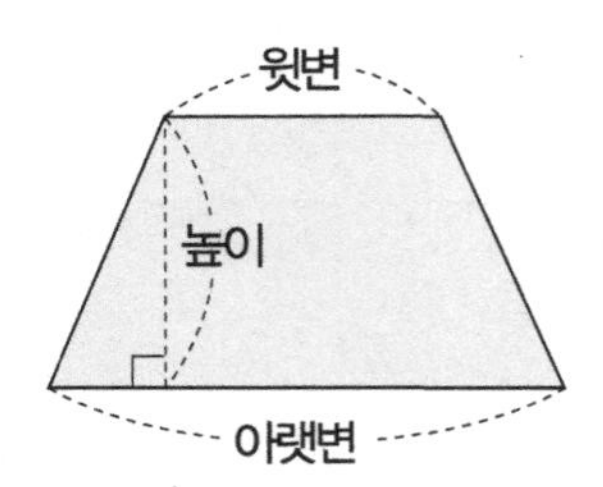

(사다리꼴의 넓이)={(　　　)+(　　　)}×(　　　)÷2

3. 마름모

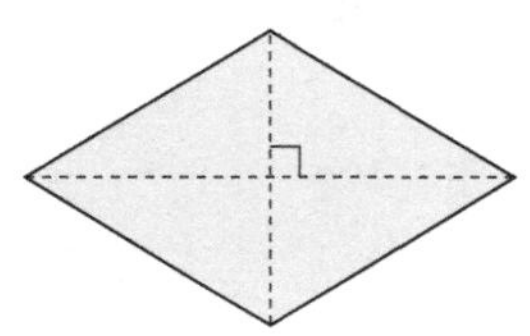

(마름모의 넓이)=(　　　　　　)×(　　　　　　)÷2

4. 삼각형

삼각형에서 한 변을 **밑변**이라고 하면, 밑변과 마주 보는 꼭짓점에서 밑변에 수직으로 그은 선분을 **높이**라고 합니다.

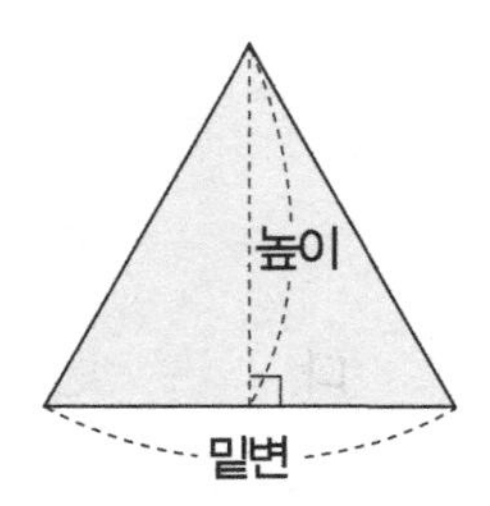

(삼각형의 넓이)=(　　　　　　)×(　　　　　　)÷2

수학 비밀 18 넓이 구하기

사각형의 넓이와 삼각형의 넓이를 이용하여 도형의 넓이를 구해 봅시다.

1.

(1)

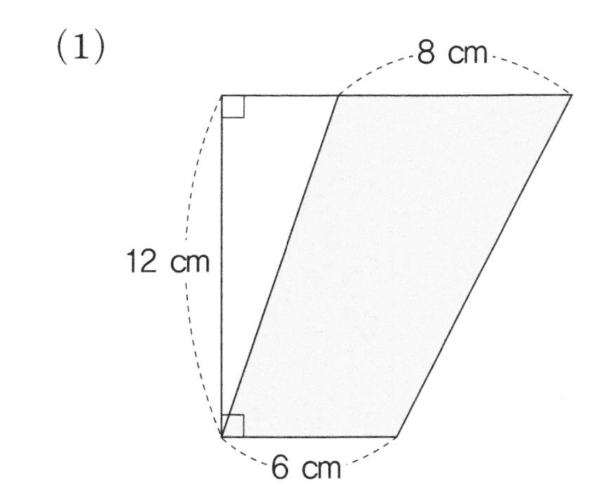

(2)

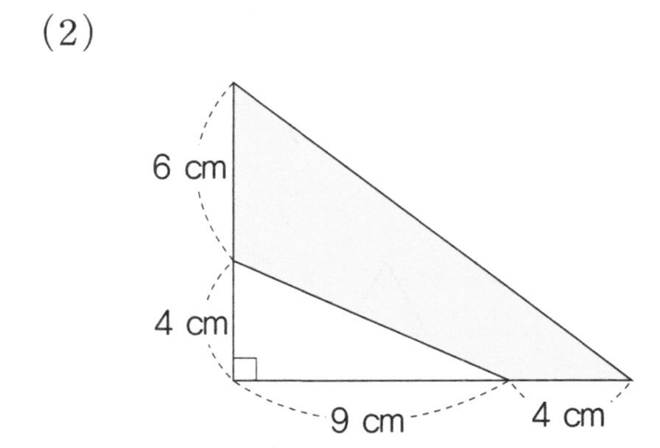

2.

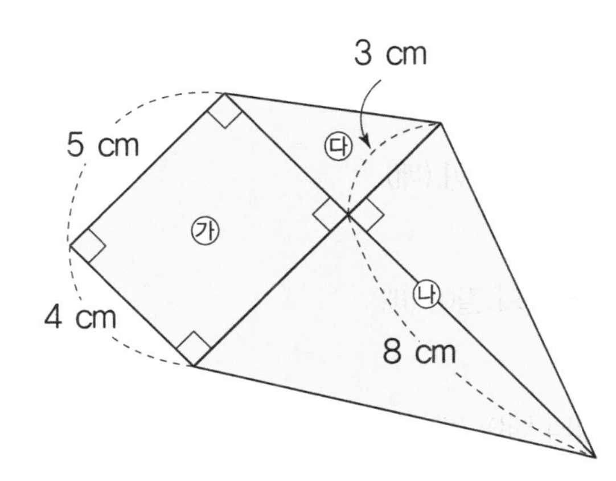

수학비밀 19 길이의 증가와 넓이의 증가 관계

둘레가 일정하게 늘어날 때 넓이는 어떻게 변하는지 알아봅시다.

1. 주어진 정삼각형은 한 변의 길이가 1인 정삼각형입니다.

(1) 한 변의 길이가 2, 3인 정삼각형을 각각 그려 봅시다.

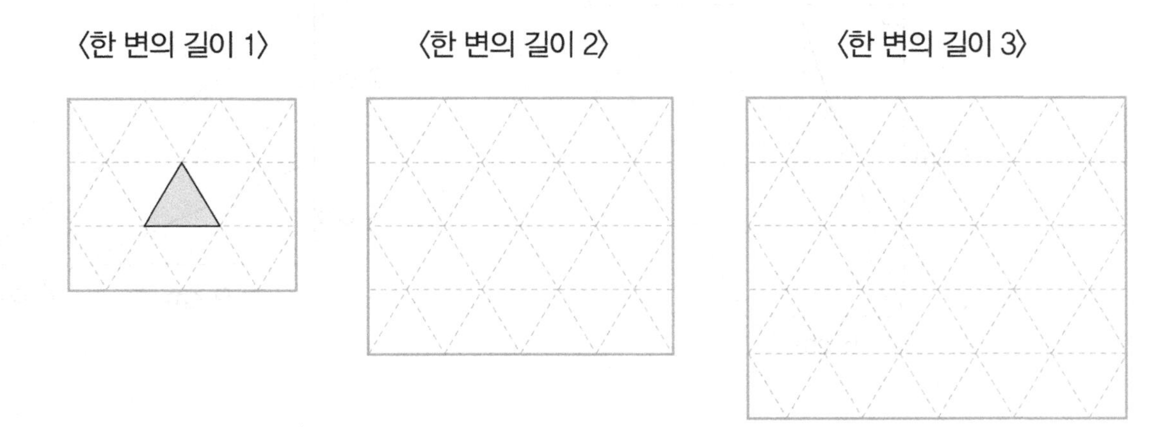

(2) 한 변의 길이가 2, 3인 정삼각형의 둘레와 넓이는 한 변의 길이가 1인 정삼각형의 둘레와 넓이의 몇 배인지 써 봅시다.

정삼각형의 변의 길이 (배)	1	2	3
정삼각형의 둘레의 길이 (배)			
정삼각형의 넓이 (배)			

2. 주어진 정사각형은 한 변의 길이가 1인 정사각형입니다. 물음에 답해 봅시다.

(1) 한 변의 길이가 2, 3인 정사각형을 각각 그려 봅시다.

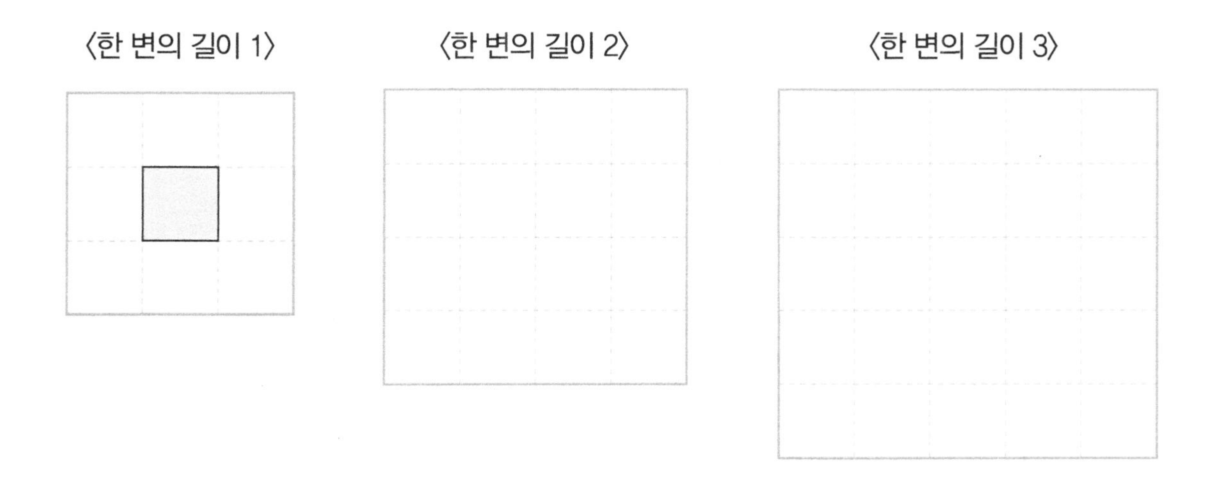

(2) 한 변의 길이가 2, 3인 정사각형의 둘레와 넓이는 한 변의 길이가 1인 정사각형의 둘레와 넓이의 몇 배인지 써 봅시다.

정사각형의 변의 길이 (배)	1	2	3
정사각형의 둘레의 길이 (배)			
정사각형의 넓이 (배)			

한 변의 길이가 4배 늘어날 때, 정삼각형과 정사각형의 둘레와 넓이는 각각 몇 배 증가할지 구해 봅시다.

3. 다각형으로 그려진 세계지도가 있습니다. 창의는 가고 싶은 나라에 "와이즈만 깃발" 스티커를 붙였습니다. 그중 내가 가고 싶은 나라를 선택하여 그 나라가 있는 도형의 한 변의 길이를 $\frac{1}{2}$배 줄인 도형의 넓이를 구해 봅시다.

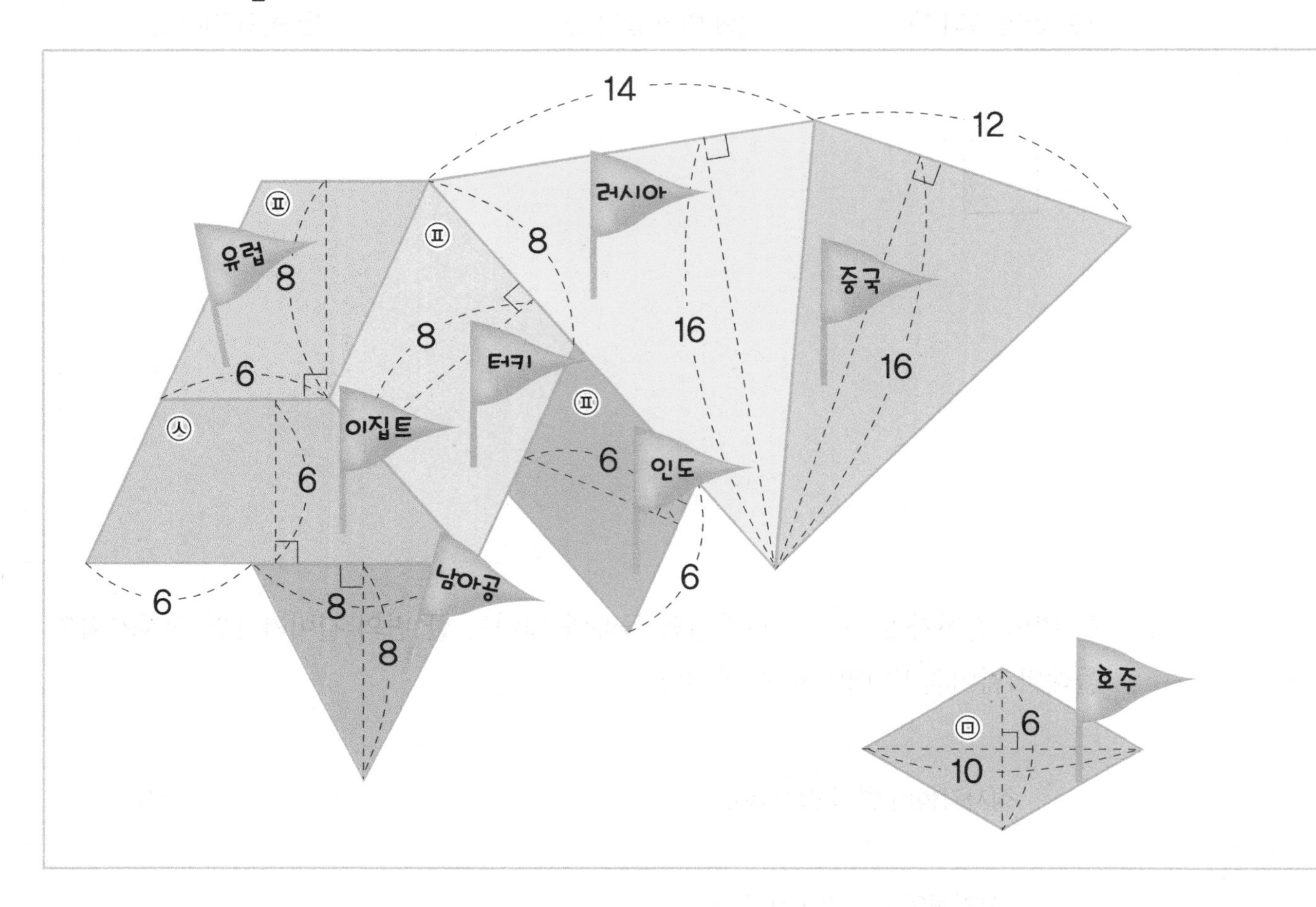

(1) 가고 싶은 나라가 있는 도형의 넓이를 구해 봅시다.

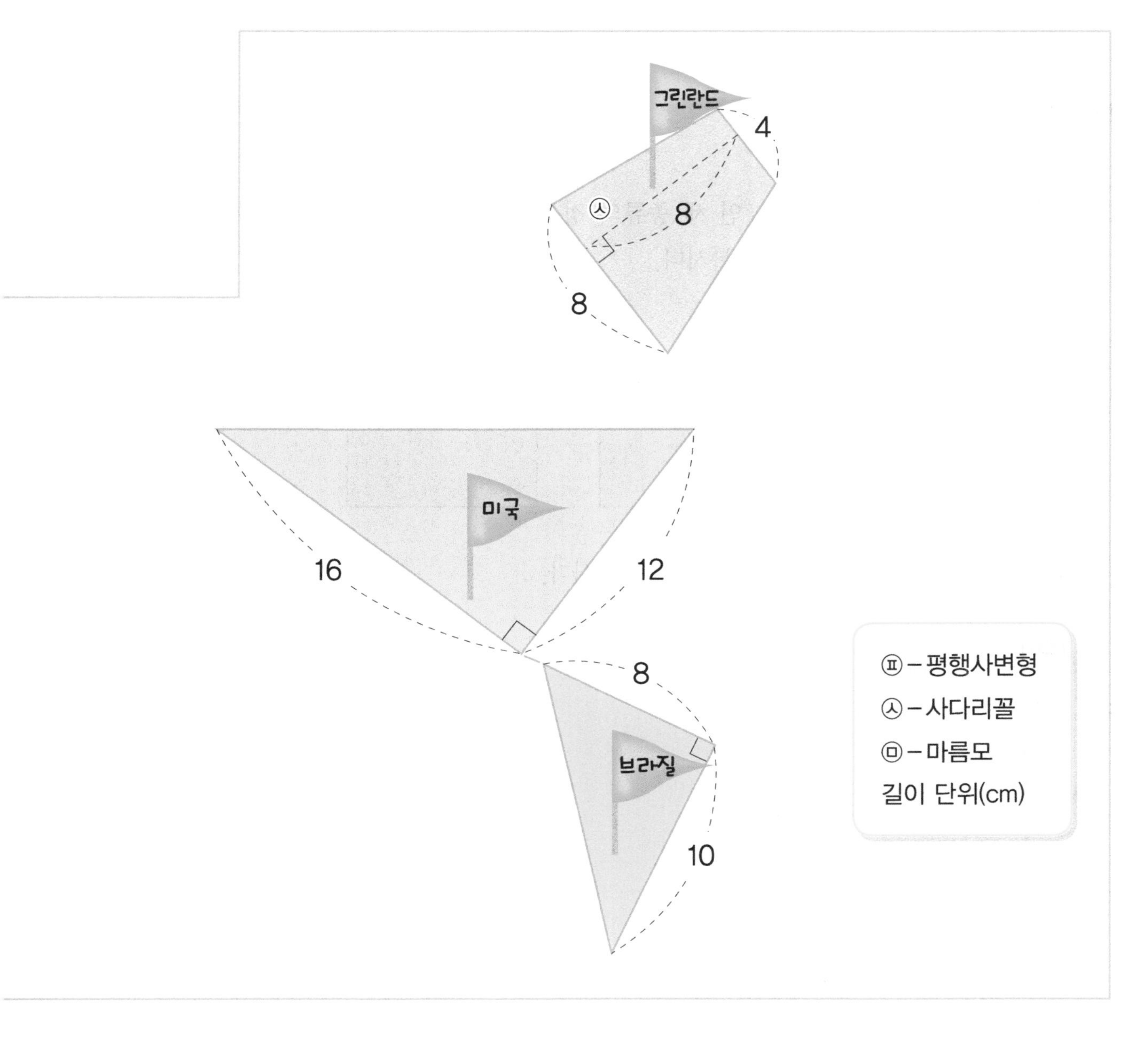

(2) (1)의 도형의 한 변의 길이를 $\frac{1}{2}$배 줄인 도형의 넓이를 구해 봅시다. 넓이는 얼마나 변화되었는지 써 봅시다.

수학비밀 20 정사각형 만들기

1. 넓이가 1 cm^2, 4 cm^2, 9 cm^2인 세 종류의 정사각형이 있습니다. 이것을 여러 개 합쳐서 새로운 정사각형을 만들어 봅시다.

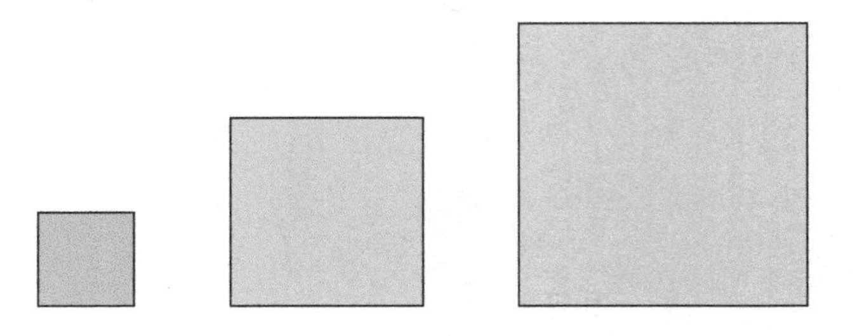

(1) 넓이가 25 cm^2인 정사각형을 만들어 봅시다.

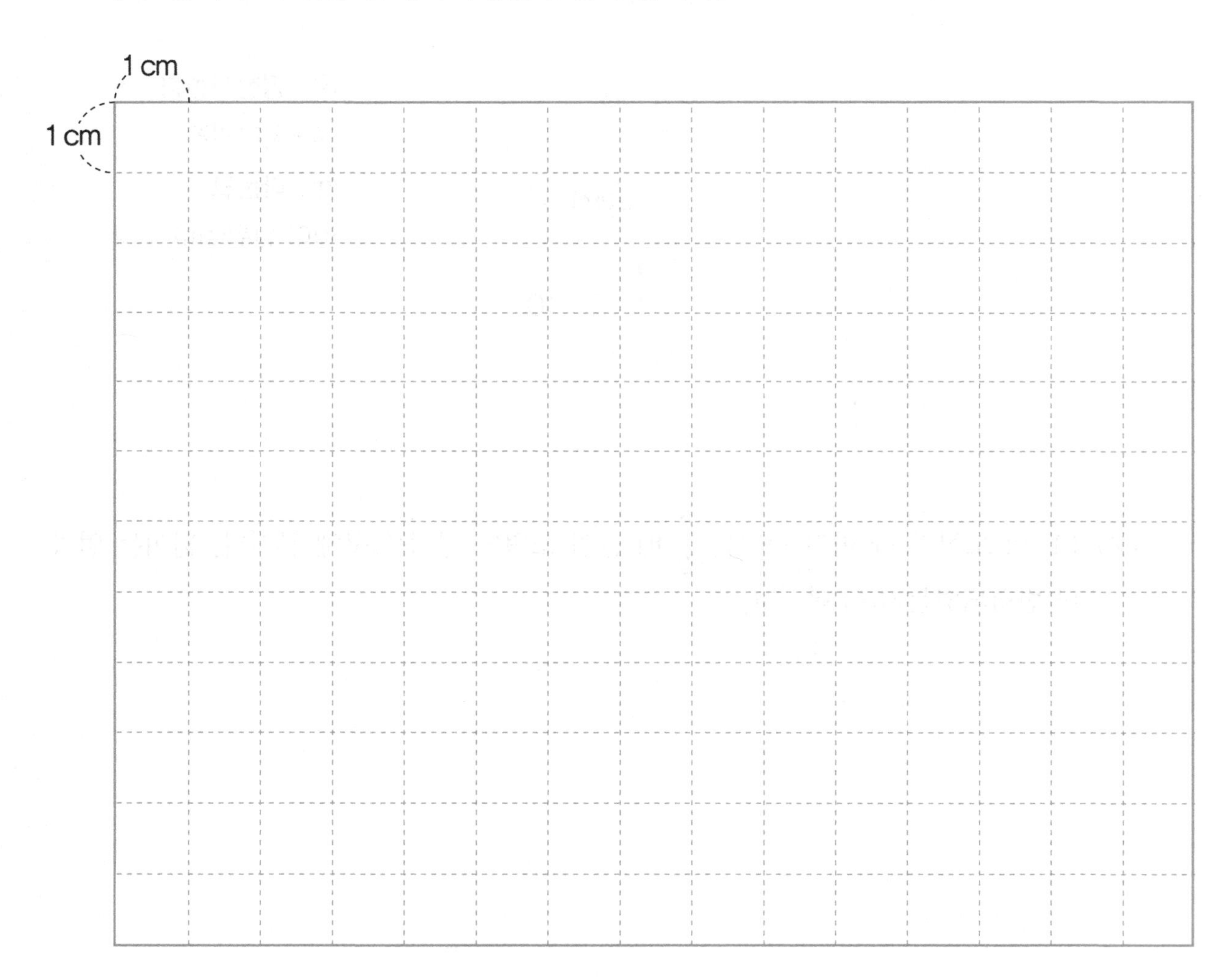

(2) 넓이가 1 cm^2, 4 cm^2, 9 cm^2인 세 종류의 정사각형을 최소 개수만큼 사용하여 넓이가 25 cm^2인 정사각형을 만들어 봅시다. 만든 방법도 써 봅시다.

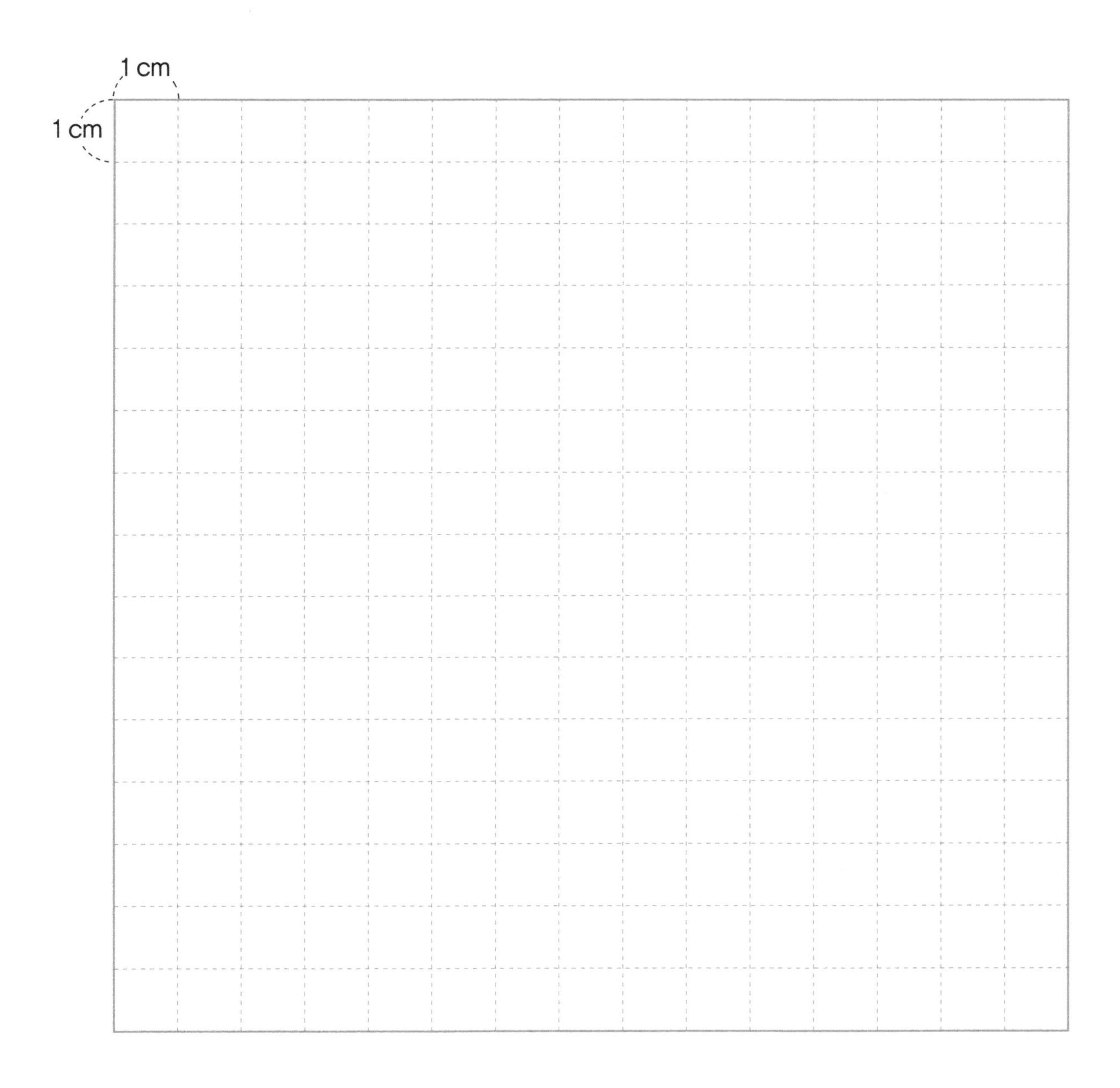

2. 넓이가 $1\,\text{cm}^2$인 단위정사각형으로 만든 서로 다른 모양의 직사각형이 6개 있습니다. 물음에 답해 봅시다.

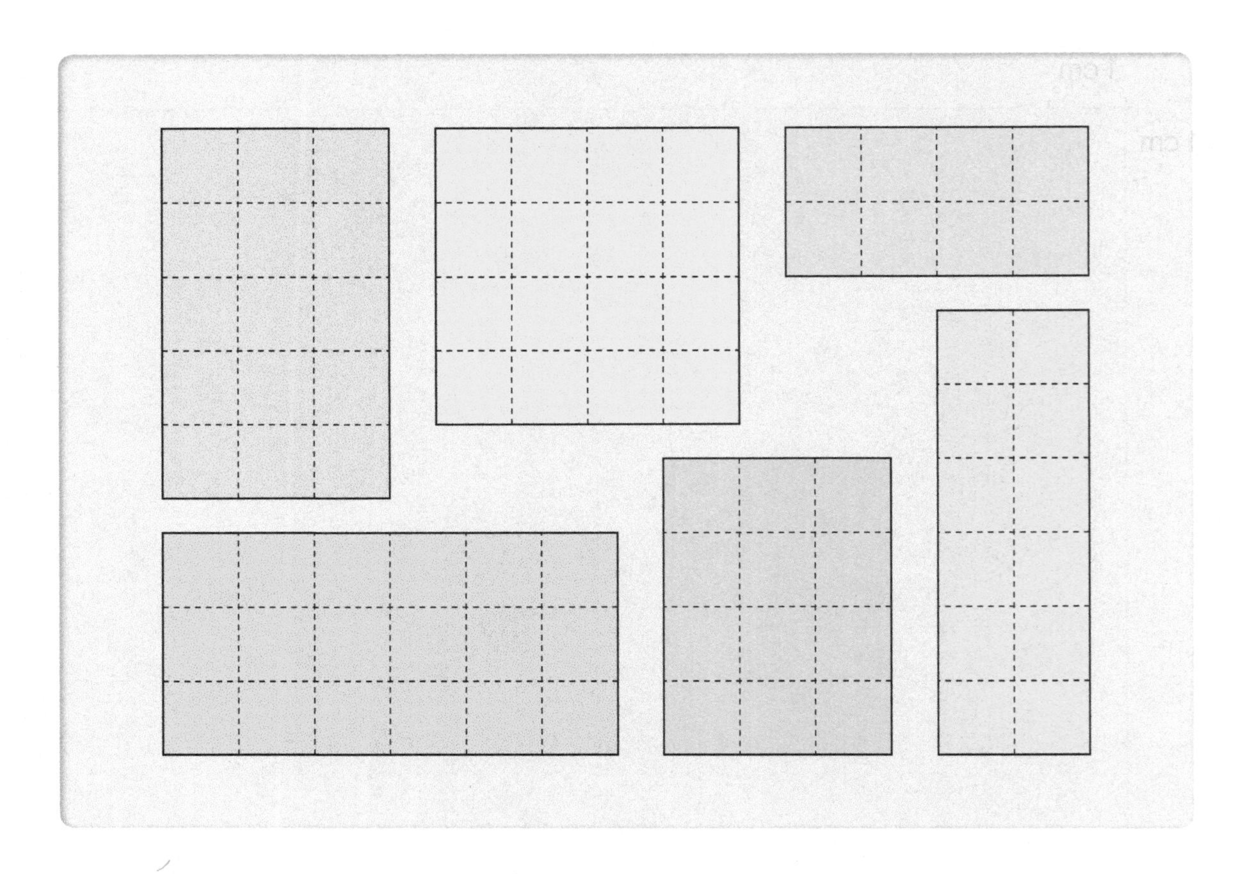

(1) 6개의 직사각형을 붙여서 정사각형을 만든다면 정사각형 한 변의 길이를 몇 cm로 하면 되는지 구해 봅시다.

(2) 6개의 직사각형을 모두 사용하여 정사각형을 만들어 봅시다.

수학 비밀 21 도형의 재단

1. 정다각형을 여러 개의 같은 모양으로 나누어 봅시다.

(1) 다음 정사각형을 적힌 개수만큼의 작은 정사각형들로 나누어 봅시다. (단, 크기가 다른 정사각형으로 나누어도 됩니다.)

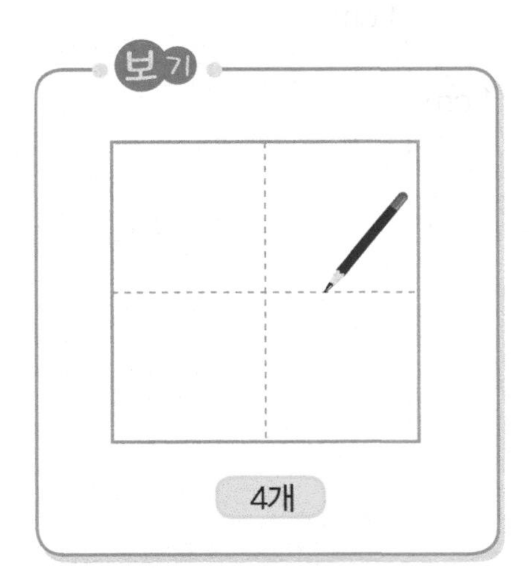

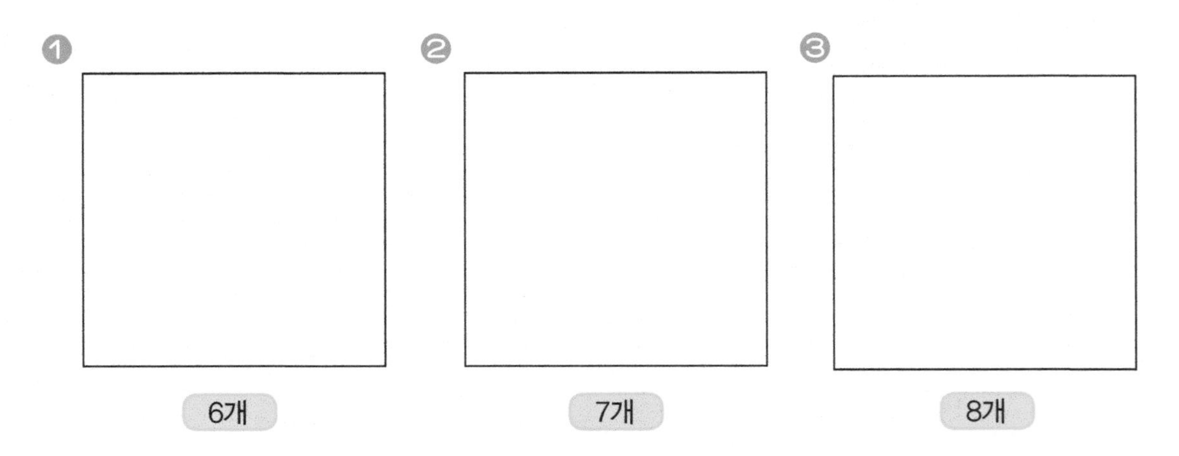

(2) 다음 정사각형을 적힌 개수만큼의 작은 정사각형들로 나누어 봅시다. (단, 크기가 다른 정사각형으로 나누어도 됩니다.)

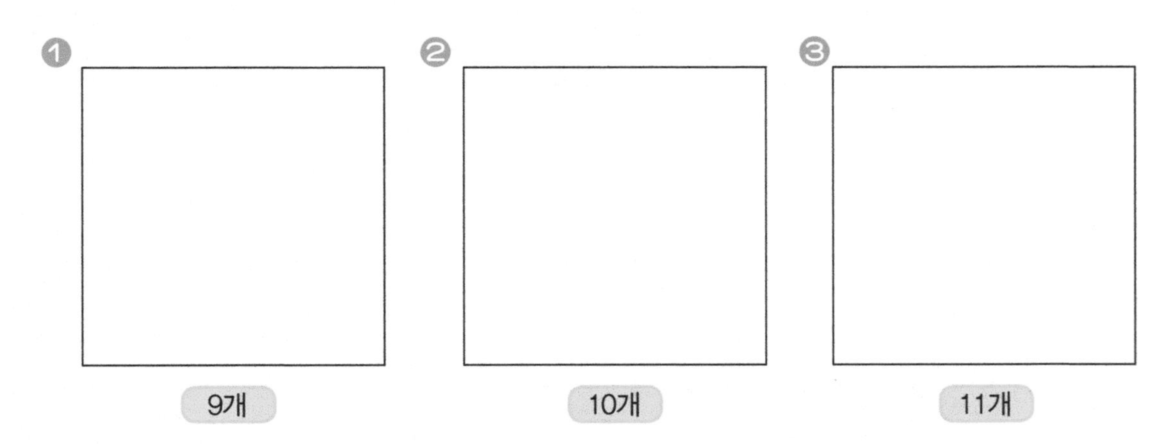

2. 다음 정삼각형을 적힌 개수만큼의 작은 정삼각형들로 나누어 봅시다. (단, 크기가 다른 정삼각형으로 나누어도 됩니다.)

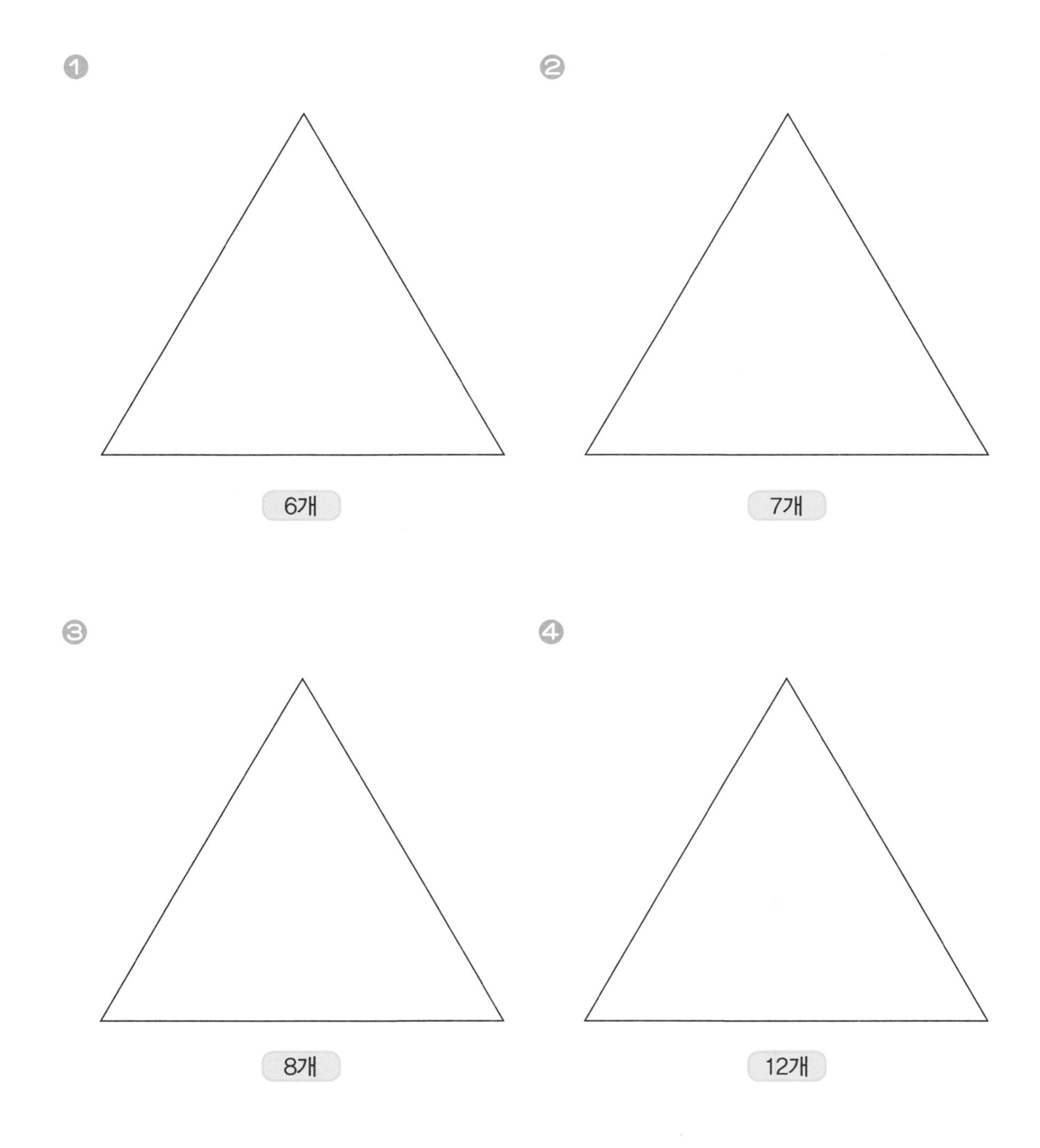

1.~2.에서 어떠한 방법으로 나누었는지 적어 봅시다.

3. 그림과 같이 여러 개의 정사각형으로 이루어진 도형들을 점선을 따라서 ■와 ┃가 하나씩 포함되도록 같은 크기와 모양을 가진 도형으로 나누어 봅시다.
(단, ■와 ┃의 위치는 같지 않아도 됩니다.)

(1) 3개

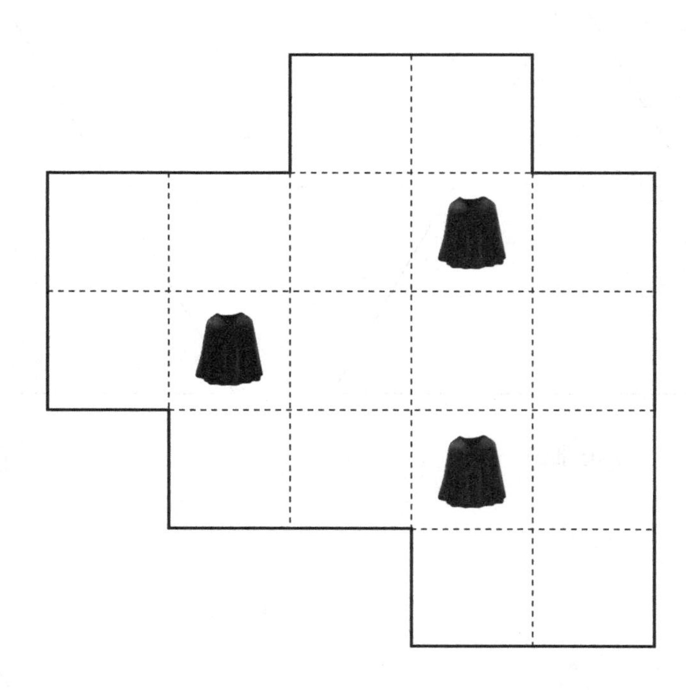

(2) 4개

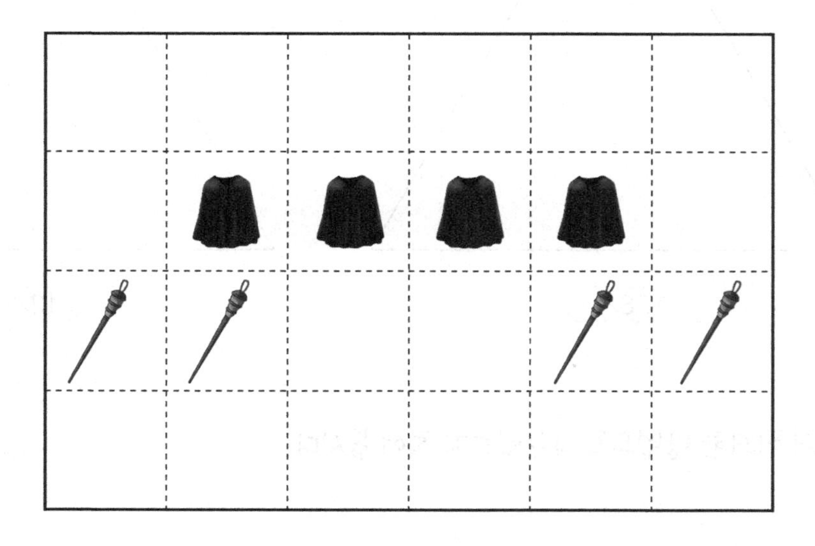

(3) 4개

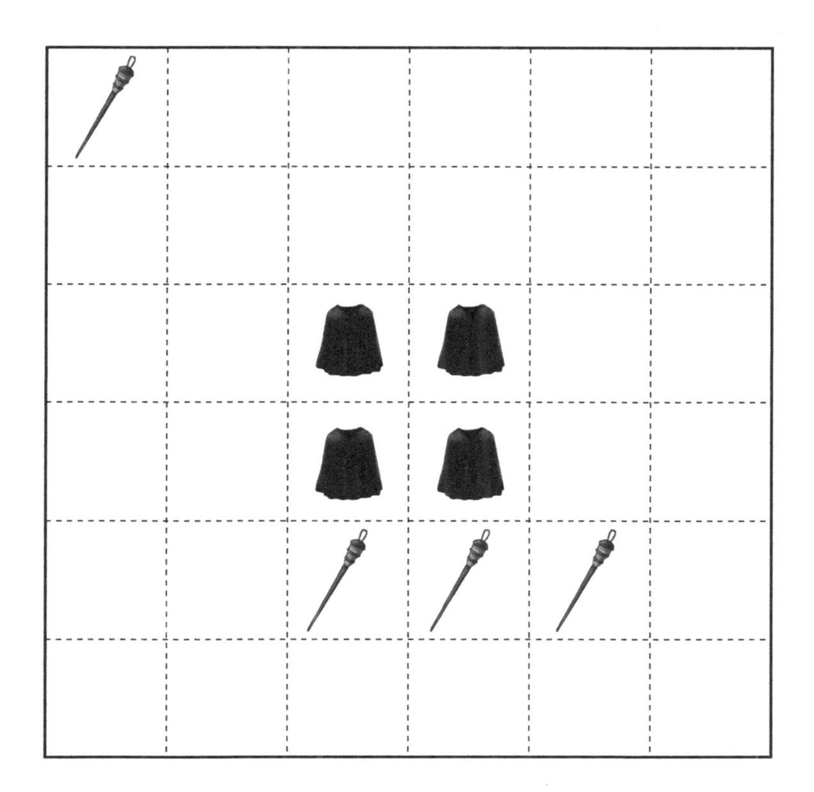

수학비밀 22 분수의 덧셈과 뺄셈

1. 스핑크스가 보물을 네 개의 무더기로 나누어 놓았습니다. 각각의 무더기는 전체 보물의 $\frac{7}{27}$, $\frac{2}{9}$, $\frac{13}{54}$, $\frac{5}{18}$의 양으로 나누어져 있습니다. 물음에 답해 봅시다.

(1) 보물의 양을 비교할 수 있는 방법을 적어 봅시다.

(2) 보물의 양이 많은 순서부터 분수로 써 봅시다.

(　　,　　,　　,　　)

(3) 두 무더기를 선택해서 가질 수 있다면, 제일 많이 가지게 되는 경우 전체 보물의 얼마를 가질 수 있는지 분수로 나타내 봅시다.

분모가 다른 분수의 덧셈과 뺄셈을 하는 방법을 정리해 봅시다.

2. 다음은 2010년 남아공 월드컵까지 대한민국이 월드컵에서 기록한 골과 관련된 내용입니다.

- 대한민국은 1954년 스위스 월드컵에 첫 출전하였지만, 골을 기록하지는 못하였습니다.
- 1986년 멕시코 월드컵에서 박창선 선수가 대한민국의 월드컵 첫 골을 기록하는 등, 지금까지 대한민국이 기록한 골의 $\frac{3}{21}$이 이 대회에서 나왔습니다.
- 1990년 월드컵에서는 1골밖에 기록하지 못하였습니다.
- 1994년~2002년까지 열린 세 번의 월드컵에서는 지금까지 대한민국이 기록한 골의 $\frac{1}{2}$의 골이 터졌습니다.
- 2006년, 2010년 두 번의 월드컵에서는 모두 9골을 기록하였습니다.

1954년 스위스에서 2010년 남아공까지 대한민국이 월드컵에서 기록한 골은 모두 몇 골인지 구해 봅시다.

설명의 창

- 분모와 분자를 그들의 [ ] 로 나누는 것을 약분한다고 합니다.
- 분모와 분자의 공약수가 [ ] 뿐인 분수를 기약분수라고 합니다.
- 분수의 [ ] 를 같게 하는 것을 통분한다고 하며, 통분한 분모를 공통분모라고 합니다.

수학 비밀 23 분수의 곱셈

1. 어린이날에 창의와 영재, 지혜는 용돈을 모아서 영화를 보러 갔습니다. 영화를 보는 데 모은 돈의 $\frac{1}{3}$을, 팝콘을 사는 데 모은 돈의 $\frac{1}{12}$을 썼습니다. 영화를 본 후 햄버거를 먹는 데 지금까지 쓰고 남은 돈의 $\frac{3}{7}$을 사용했습니다. 물음에 답해 봅시다.

(1) 햄버거를 먹고 남은 돈은 처음 모은 돈의 얼마인지 분수로 나타내 봅시다.

(2) 집에 돌아오는 교통비로 2000원을 사용하고, 남은 돈을 똑같이 나누어 가졌더니 한 사람이 처음 모은 돈의 $\frac{1}{10}$씩 가지게 되었습니다. 처음에 모은 돈이 얼마인지 구해 봅시다.

분수의 곱셈을 하는 방법을 정리해 봅시다.

2. 다음을 계산해 봅시다.

(1) $1\frac{1}{15} \times \frac{3}{2}$

(2) $\frac{2}{3} \times \frac{3}{5} \times \frac{7}{8}$

(3) $\frac{2}{3} \times 2\frac{1}{7} \times \frac{7}{10}$

세 분수의 곱셈을 하는 과정을 정리해 봅시다.

수학비밀 24 소수의 곱셈

1. 다음 소수의 곱셈을 하려고 합니다. 소수를 분수로 바꿔서 소수의 곱셈을 해 봅시다.

(1) 1.3×6

(2) 7×0.04

2. 다음 소수의 곱셈을 해 봅시다.

(1) 5×0.03

(2) 5×0.003

(3) 0.5×0.03

(4) 0.5×0.3

분수로 바꾸지 않고 소수의 곱셈을 하는 경우, 소수점의 자리를 어떻게 정할 수 있는지 정리해 봅시다.

3. 다음 곱셈을 해 봅시다.

(1)
$$\begin{array}{r} 5.7 \\ \times\ 0.4 \\ \hline \end{array}$$

(2)
$$\begin{array}{r} 2.4 \\ \times\ 1.3 \\ \hline \end{array}$$

4. 다음 곱셈을 해 봅시다.

(1) $1\frac{1}{5} \times 0.14$

(2) $0.4 \times 3.05 \times \frac{10}{9}$

수학 비밀 25 소수의 나눗셈

1. 다음은 소수의 나눗셈을 하는 세 가지 방법을 소개한 것입니다.

방법 1) $2.1 \div 0.03 = \frac{21}{10} \div \frac{3}{100} = \frac{21}{10} \times \frac{100}{3} = 70$

방법 2) $2.1 \div 0.03 = \frac{2.1}{0.03} = \frac{2.1 \times 100}{0.03 \times 100} = \frac{210}{3} = 70$

방법 3) $2.1 \div 0.03$

$$0.03\overline{)2.1} \rightarrow 0.03\overline{)2.10} \rightarrow 3\overline{)210} \text{ (몫 70, } 210-21\text{0}=0) \quad | \quad 0.03_{\wedge}\overline{)2.10_{\wedge}} \text{ (몫 70, } 2\,1 \rightarrow 0)$$

$2.1 \div 0.03 = 210 \div 3 = 70$

위의 세 가지 방법을 서로 비교하여 어떤 방법으로 구한 것인지 각각 적어 봅시다.

2. 다음을 계산해 봅시다.

(1) $8.25 \div 2.5$

(2) $9.2 \div 1.5$

3. 다음 나눗셈의 자연수 몫을 구하고, 나머지를 구해 봅시다.

(1) $15.94 \div 5.1$

(2) $45.12 \div 8.6$

수학 비밀 26 짝수와 홀수의 성질

1. 계산 결과가 짝수인지 홀수인지 괄호 안에 알맞은 말을 써넣어 봅시다.

(1) (홀수) + (홀수) = (   )

(2) (홀수) − (홀수) = (   )

(3) (홀수) + (짝수) = (   )

(4) (홀수) − (짝수) = (   )

(5) (짝수) + (짝수) = (   )

(6) (홀수 개의 홀수의 합) = (   )

(7) (짝수 개의 홀수의 합) = (   )

(8) (홀수) × (홀수) = (   )

(9) (홀수) × (짝수) = (   )

(10) (짝수) × (짝수) = (   )

2. 계산한 결과가 짝수인지 홀수인지 구해 봅시다.

(1) $2+4+6+\cdots\cdots+2004$

(2) $1+3+5+\cdots\cdots+21$

(3) $1+2+3+4+\cdots\cdots+2011$

(4) $2011-2010+2009-2008+\cdots\cdots+3-2+1$

(5) $1\times2\times3\times4\times\cdots\cdots\times2011$

(6) $1\times3\times5\times7\times9\times\cdots\cdots\times2011$

(7) $1\times1+2\times2+3\times3+4\times4+\cdots\cdots+100\times100$

(8) $1\times1\times1+2\times2\times2+3\times3\times3+\cdots\cdots+2011\times2011\times2011$

3. 연속하는 세 자연수 A_1, A_2, A_3을 다음과 같이 계산하려고 합니다. 계산한 결과가 짝수인지 홀수인지 구해 봅시다.

(1) $A_1+A_2+A_3$

(2) $A_1\times A_2\times A_3$

4. 다음 13개의 수 중에서 5개의 수를 골라 더할 때, 그 합이 30이 되게 만들어 봅시다. 만약 만들 수 없다면 그 이유를 써 봅시다.

1, 3, 5, 7, 9, 11, 13, 11, 9, 7, 5, 3, 1

수학비밀 27 생활 속의 짝수와 홀수

1. 창의, 영재, 지혜가 번갈아가며 두 사람씩 가위바위보를 하려고 합니다. 각자 한 번의 가위바위보에서 이기면 2점, 비기면 1점, 지면 0점을 얻습니다. 세 친구들이 서로 상대를 바꾸어 가면서 가위바위보를 여러 번 했을 때, 다음 물음에 답해 봅시다.

(1) 창의와 지혜가 가위바위보를 한 번 하였습니다. 두 사람이 얻을 수 있는 점수를 모두 구해 봅시다.

한 번의 가위바위보에서 얻은 점수에서 찾을 수 있는 특징을 적어 봅시다.

(2) 세 친구들이 서로 상대를 바꾸어 가면서 가위바위보를 여러 번 했습니다. 가위바위보로 다음과 같은 점수를 얻을 수 있는지 구해 봅시다.

❶

창의 1점

영재 2점

지혜 3점

점수 가능 여부	점수를 얻을 수 있는 방법 또는 점수를 얻을 수 없는 이유
(○, ✕)	

❷

창의 1점

영재 2점

지혜 2점

점수 가능 여부	점수를 얻을 수 있는 방법 또는 점수를 얻을 수 없는 이유
(○, ✕)	

2. 다음 물음에 답해 봅시다.

(1) 전국 초등학교 야구대회에 많은 팀이 참가하였습니다. 이 야구대회에서 홀수 번 경기한 팀은 반드시 짝수 개라고 합니다. 그 이유를 써 봅시다.

(2) 어느 파티에 25명의 사람이 참석하였습니다. 서로 악수를 하면서 이야기를 나눌 때 이 파티의 참석자 중에 짝수 번 악수한 사람이 반드시 있는지 구해 봅시다.

3. 다음 문제를 해결해 봅시다.

(1) 1원, 3원, 5원짜리 동전을 총 10개를 사용하여 25원을 만들어 봅시다. 만들 수 없다면 그 이유를 써 봅시다.

(2) 효진이는 총 98장인 노트를 사서 각 쪽에 1에서 196까지 순서대로 쪽 번호를 매겼습니다. 효진이는 노트에서 25장을 뜯은 후 그 종이에 적혀 있는 50개의 쪽 번호를 모두 더했습니다. 더한 값이 1990이 될 수 있는지 구해 봅시다.

수학 비밀 28 변하지 않는 짝수, 홀수

다음 문제를 해결해 봅시다.

1~4까지 적혀있는 숫자 카드와 +, −를 이용하여 계산식을 만들었습니다. 계산한 결과의 공통점을 찾아봅시다. (단, 숫자 카드를 붙여 두 자리 이상의 수를 만들 수 없습니다.)

1	2	3	4

1. 숫자 카드에 적혀있는 모든 숫자들의 합은 얼마입니까?

2. +, −를 다음과 같이 사용하여 계산식을 만들었습니다. 계산식을 해결해 봅시다.

(1) 1 + 2 + 3 − 4

(2) 1 + 2 − 3 + 4

(3) 4 + 3 + 2 − 1

(4) 4 + 3 − 2 + 1

1+2+4−3, 1+2+3−4의 경우는 숫자 카드의 모든 숫자의 합에서 얼마씩 작아집니까? 또 작아지는 숫자의 특징은 무엇인지 적어 봅시다.

3. 계산 결과의 공통점을 찾고, 그 이유를 적어 봅시다.

수학비밀 29 동전 옮기기와 컵 뒤집기

1. 동전 옮기기 문제를 해결해 봅시다.

> 그림과 같이 원판에 동전이 놓여 있습니다. 한 번에 두 개의 동전을 한 칸씩 옮기는 시행을 여러 번 반복하여 동전 전부를 한 칸에 모을 수 있습니까? 모을 수 없다면 그 이유를 설명해 봅시다.

(1)

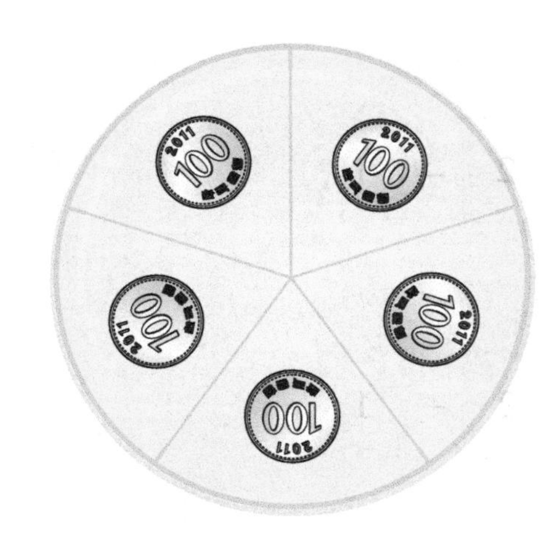

(2)

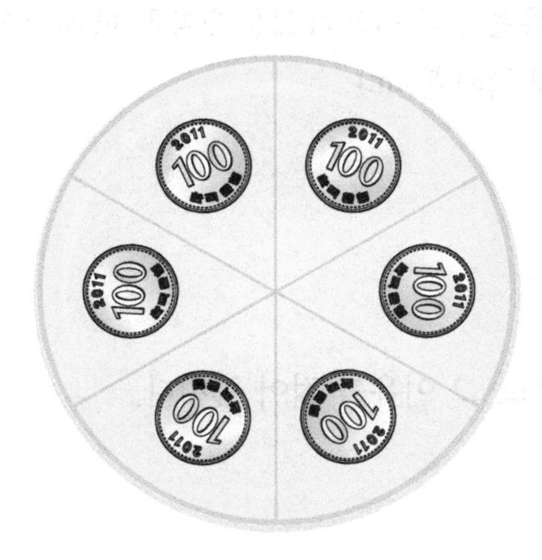

동전의 개수가 몇 개여야 동전 모두를 한 칸으로 모을 수 있을지 구해 봅시다.

2. 컵 뒤집기 문제를 해결해 봅시다.

그림과 같이 컵이 놓여 있습니다. 주어진 조건에 맞도록 컵을 동시에 뒤집어 모두 똑바로 세울 수 있습니까? 할 수 없다면 그 이유를 적어 봅시다.

(1) 동시에 2개의 컵을 뒤집습니다.

(2) 동시에 2개의 컵을 뒤집습니다.

(3) 동시에 4개의 컵을 뒤집습니다.

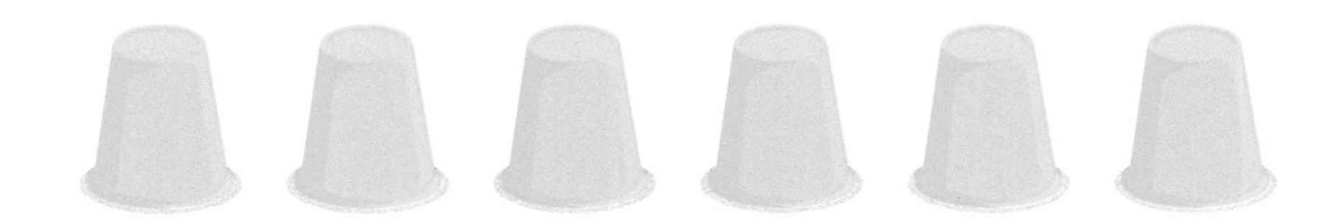

수학비밀 30 마지막에 남는 모양

다음 문제를 해결해 봅시다.

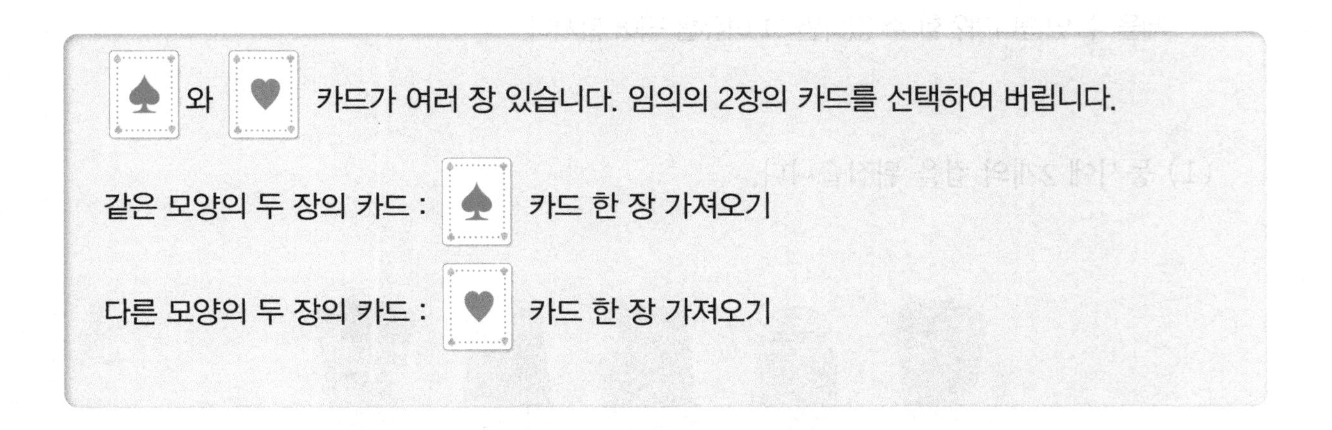

1. 선택한 2장의 카드가 다음과 같다면 ♠, ♥ 카드의 개수는 어떻게 변하는지 써 봅시다.

(1) ♠, ♠ 인 경우

(2) ♠, ♥ 인 경우

(3) ♥, ♥ 인 경우

위 사실에서 알 수 있는 것은 무엇인지 적어 봅시다.

2. 카드 더미에 ♠ 카드 5장과 ♥ 카드 6장이 있습니다. 마지막에 남은 카드는 어떤 모양입니까?

3. 카드 더미에 ♠ 카드 18장과 ♥ 카드 19장이 있습니다. 마지막에 남은 카드는 어떤 모양입니까?

수학비밀 31 좌석 옮기기

좌석 A가 있을 때 정사각형 A와 변을 맞대고 있는 다른 정사각형을 A의 주변 좌석이라고 약속합니다. 즉, 그림에서 A의 주변 좌석은 ○로 표시되어 있고 ✕로 표시된 좌석은 A의 주변 좌석이 아닙니다.

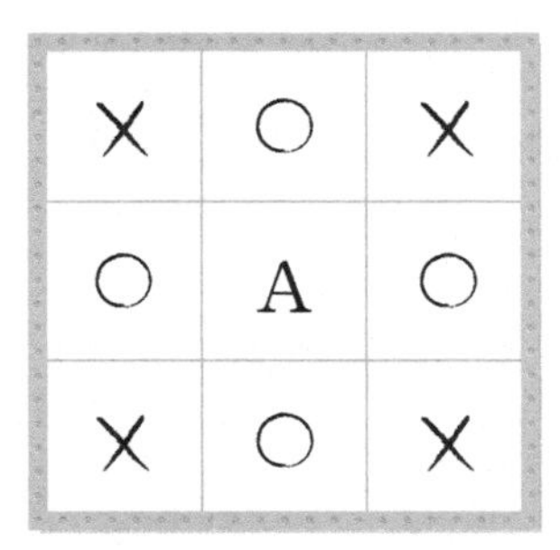

1. 다음과 같은 25개의 좌석에 25명의 학생이 빈 좌석 없이 앉아 있습니다. 모든 학생이 처음 좌석을 떠나 처음 좌석의 주변 좌석으로 옮겨 앉을 수 있습니까?

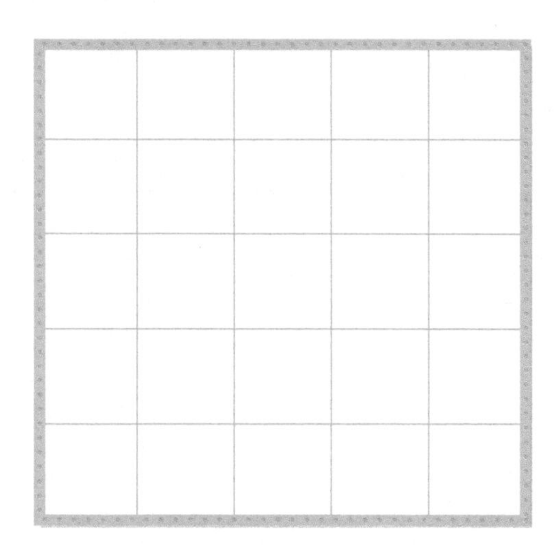

2. n은 자연수입니다. n×n명의 학생이 n×n 정사각형 모양으로 배치된 좌석에 빈 좌석 없이 앉아 있습니다. 모든 학생이 동시에 현재 앉아 있는 좌석의 주변 좌석으로 옮겨 앉을 수 있는지 알아봅시다.

(1) 다음 빈칸을 채워 봅시다.

n	n×n
홀수	
짝수	

(2) n×n명의 학생이 동시에 주변 좌석으로 옮겨 앉으려면 n은 어떤 수여야 하는지 구하고, 그 이유를 써 봅시다.

수학 비밀 32 한붓그리기가 가능한 도형

1. 한붓그리기가 가능한 도형은 어떤 도형일까요? 다음 중 한붓그리기가 가능한 도형을 찾아봅시다.

(1)
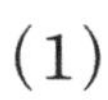

(2)
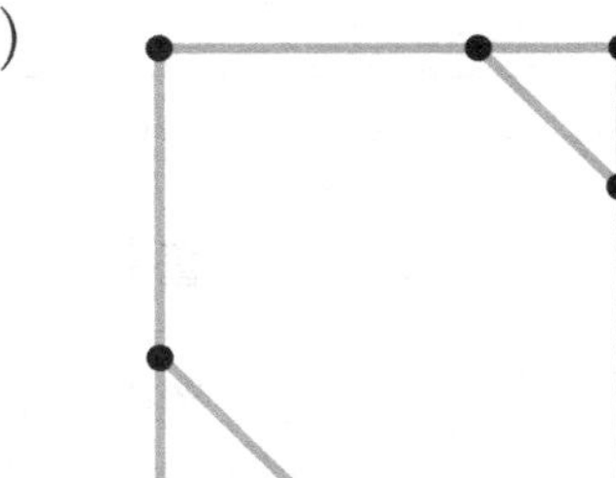

(3)
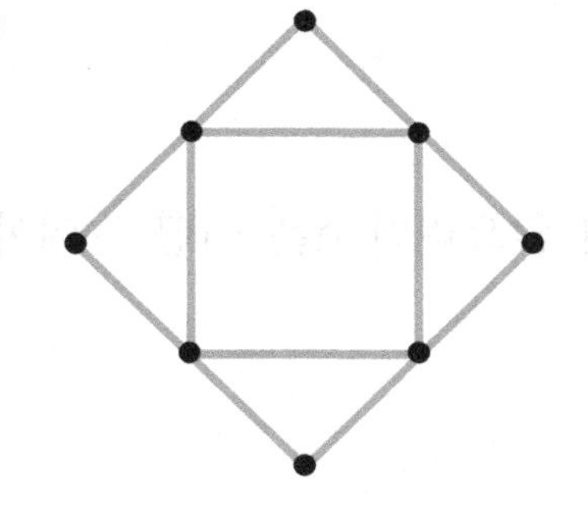

(4)
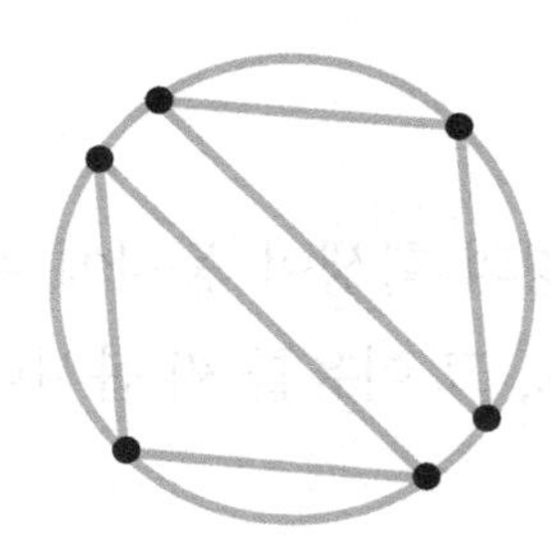

(5)
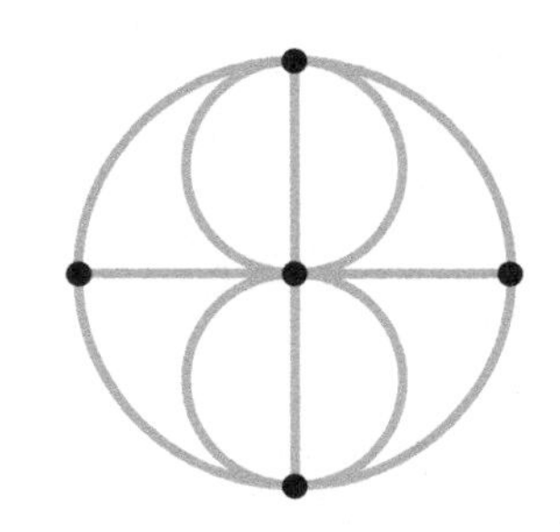

(6)
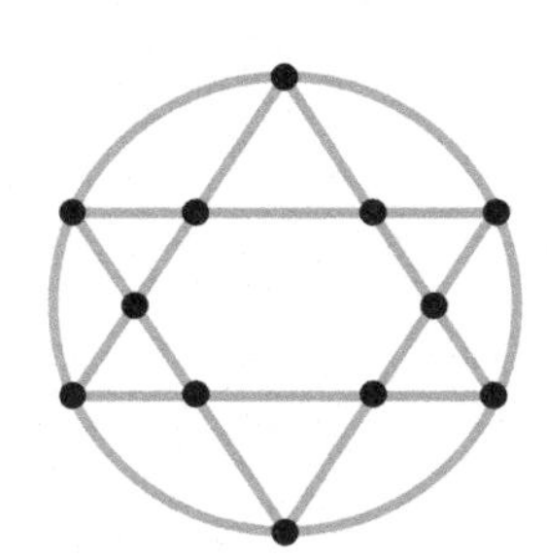

2. 다음 그림과 같이 한 꼭짓점에 모여 있는 선의 개수가 짝수면 그 꼭짓점을 짝수점, 한 꼭짓점에 모여 있는 선의 개수가 홀수면 그 꼭짓점을 홀수점이라고 합니다. **1**번 도형들의 짝수점과 홀수점을 세어 봅시다.

도형 번호	짝수점(개)	홀수점(개)	한붓그리기 가능여부 (○, ✕)
(1)			
(2)			
(3)			
(4)			
(5)			
(6)			

1번 도형에서 한붓그리기가 가능한 도형들은 어떤 공통점을 가지고 있는지 적어 봅시다.

3. 다음 도형 중 한붓그리기가 가능한 도형을 찾아봅시다.

(1)

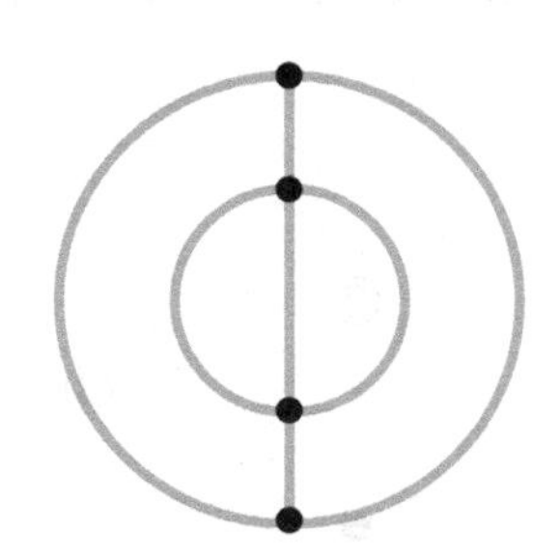

(2)

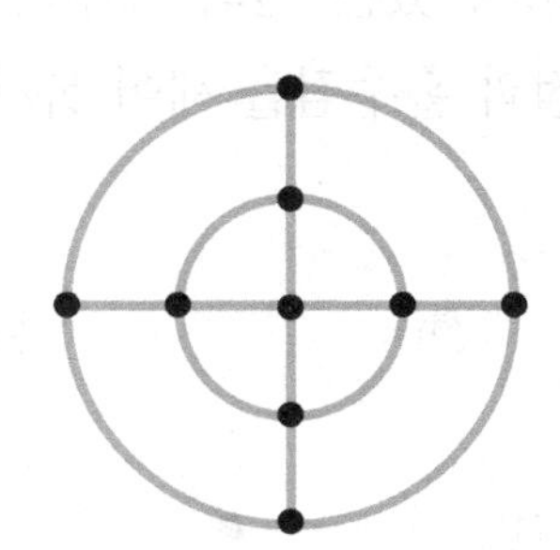

(3)

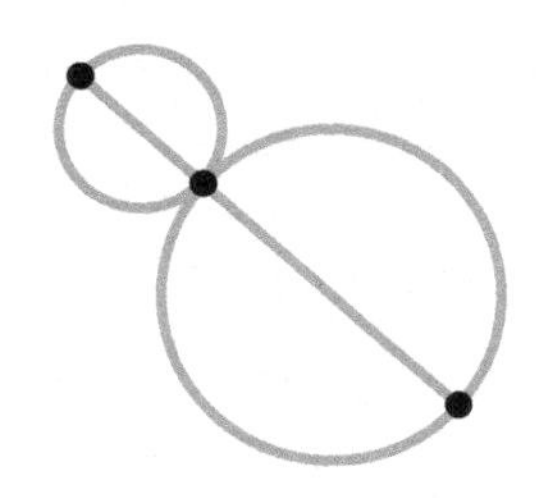

(4)

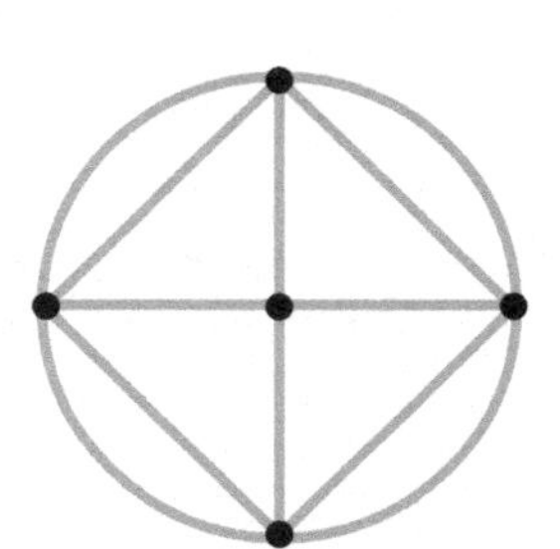

(5)

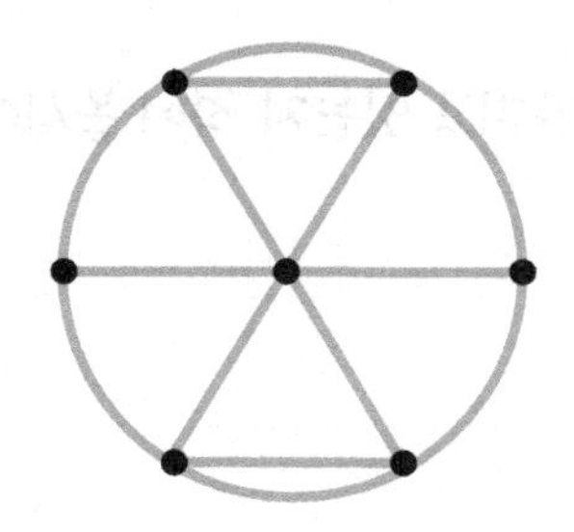

(6)

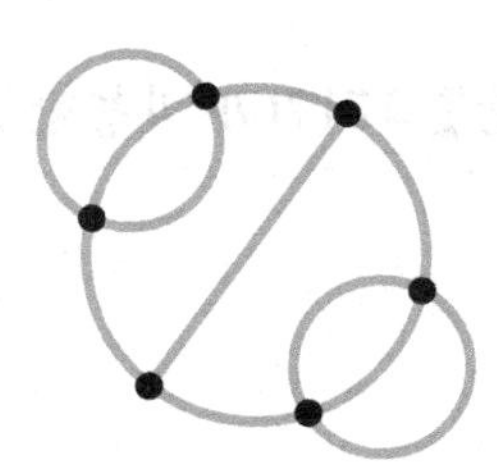

4. 3번 도형들의 짝수점과 홀수점을 세어 봅시다.

도형 번호	짝수점(개)	홀수점(개)	한붓그리기 가능여부 (○, ✕)
(1)			
(2)			
(3)			
(4)			
(5)			
(6)			

3번 도형에서 한붓그리기가 가능한 도형들은 어떤 공통점을 가지고 있는지 적어 봅시다.

5. 앞에서 찾은 사실을 이용하여 한붓그리기가 가능한 도형들은 어떤 공통점을 가지고 있는지 정리해 봅시다.

수학 비밀 33 출발점과 도착점 찾기

1. 다음은 한붓그리기가 가능한 도형입니다. 한붓그리기가 가능하려면 어느 점에서 출발해야 하며, 그때 도착점은 어디인지 구해 봅시다.

(1)

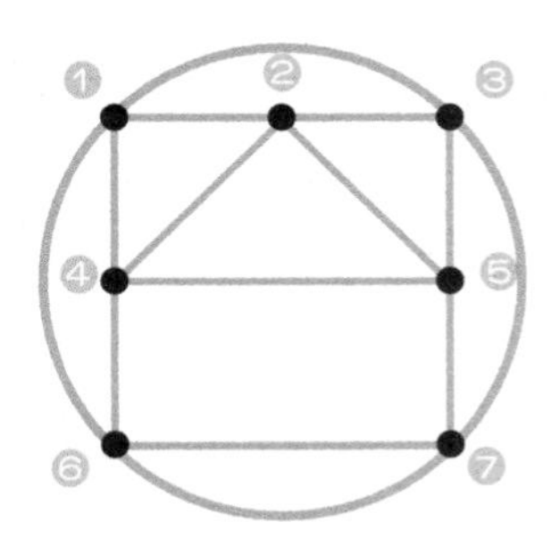

출발점	❶	❷	❸	❹	❺	❻	❼
도착점							

(2)

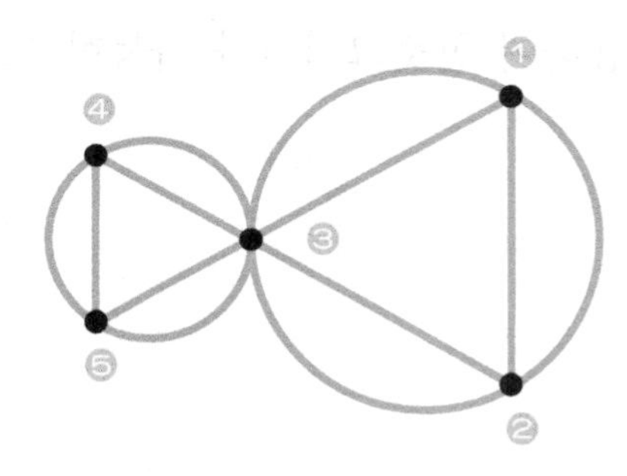

출발점	❶	❷	❸	❹	❺
도착점					

(3)

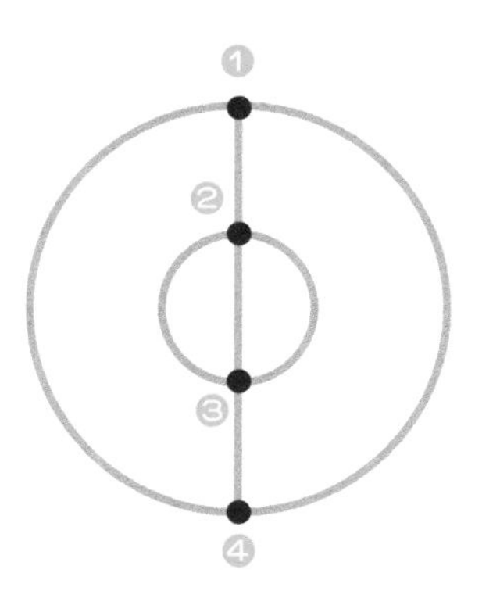

출발점	❶	❷	❸	❹
도착점				

(4)

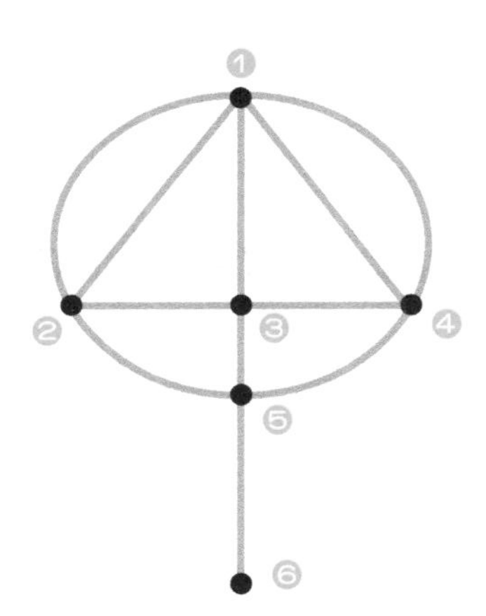

출발점	❶	❷	❸	❹	❺	❻
도착점						

2. 한붓그리기가 가능한 도형에서 출발점 · 도착점은 짝수점 · 홀수점과 어떤 관계가 있는지 알맞은 곳에 ◯표 해 봅시다.

(1) 출발점이면서 동시에 도착점이 되는 점은 (짝수점, 홀수점)입니다.

(2) 출발점이지만 도착점이 아닌 점은 (짝수점, 홀수점)입니다.

(3) 출발점은 아니지만 도착점인 점은 (짝수점, 홀수점)입니다.

(4) 출발점도 아니고 도착점도 아닌 점은 (짝수점, 홀수점)입니다.

어떤 도형의 홀수점의 개수가 4개이면 한붓그리기가 가능하지 않습니다. 출발점과 도착점을 이용하여 그 이유를 써 봅시다.

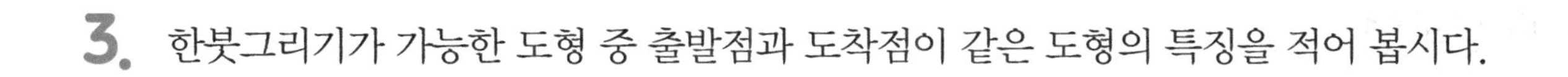

3. 한붓그리기가 가능한 도형 중 출발점과 도착점이 같은 도형의 특징을 적어 봅시다.

4. 한붓그리기가 가능한 도형 중 출발점과 도착점이 다른 도형의 특징을 적어 봅시다.

수학비밀 34 선대칭도형

1. 다음은 전자시계에 표시된 숫자들입니다. 숫자들 중 어떤 직선으로 접었을 때 완전히 겹쳐지는 숫자를 찾고, 완전히 겹쳐지게 접을 수 있는 직선을 그림에 표시해 봅시다.

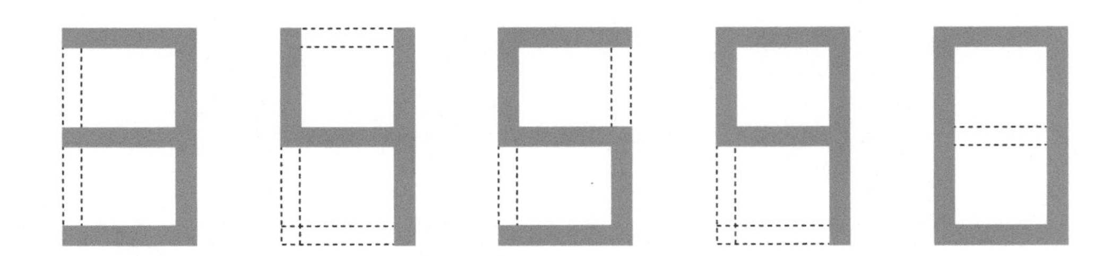

설명의 창

어떤 직선으로 접었을 때 완전히 겹쳐지는 도형을 **선대칭도형**이라고 합니다. 그리고 그 직선을 **대칭축**이라고 합니다.

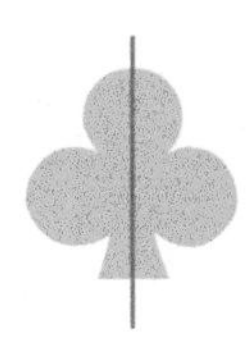

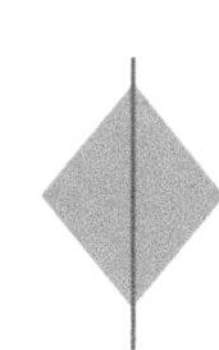

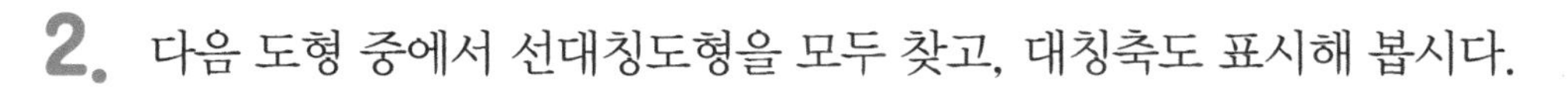

2. 다음 도형 중에서 선대칭도형을 모두 찾고, 대칭축도 표시해 봅시다.

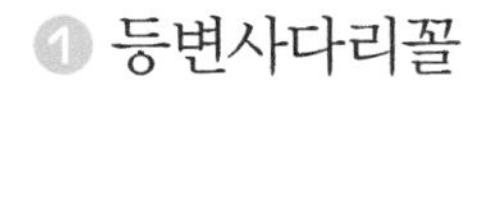

① 등변사다리꼴 ② 평행사변형 ③ 정삼각형

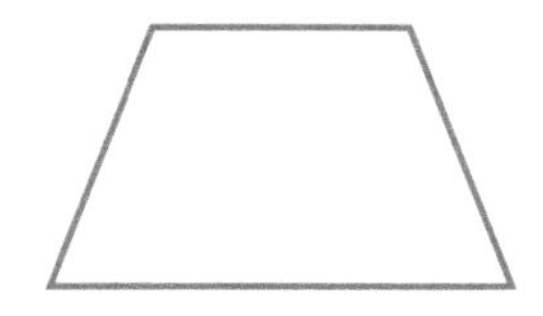

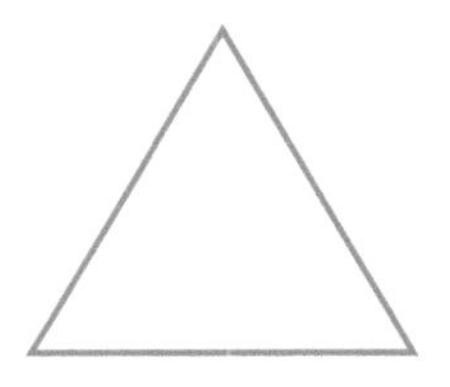

④ 정사각형 ⑤ 정오각형 ⑥ 원

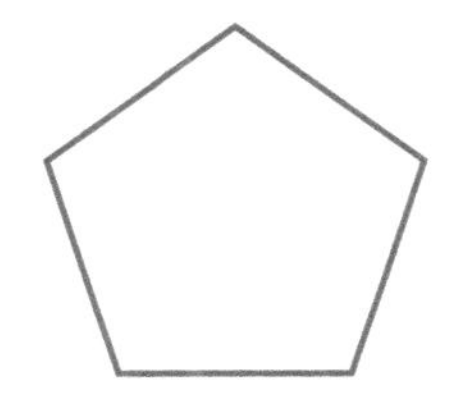

3. 선대칭도형의 성질을 정리하고, 선대칭도형의 대칭축을 정확하게 그리는 방법을 써 봅시다.

4. 다음 그림을 보고 물음에 답해 봅시다.

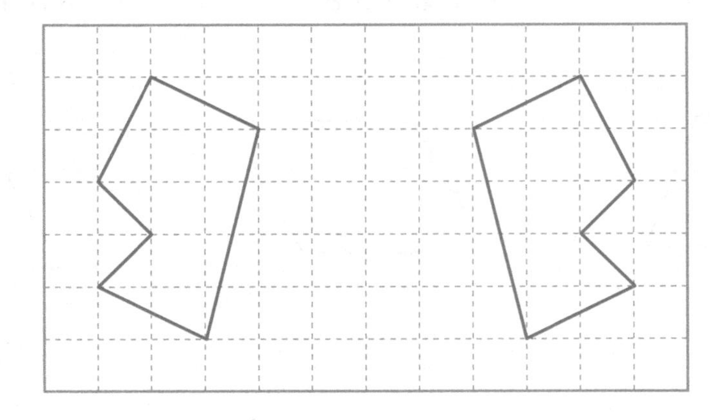

(1) 그림의 두 도형에서 어떤 관계를 찾을 수 있습니까?

(2) 위와 같은 관계에서 찾을 수 있는 성질을 써 봅시다.

5. 어떤 직선으로 접었을 때 완전히 겹쳐지는 그림을 그리려고 합니다.

(1) 직선 A를 대칭축으로 하는 선대칭도형이 되도록 그림을 완성해 봅시다.

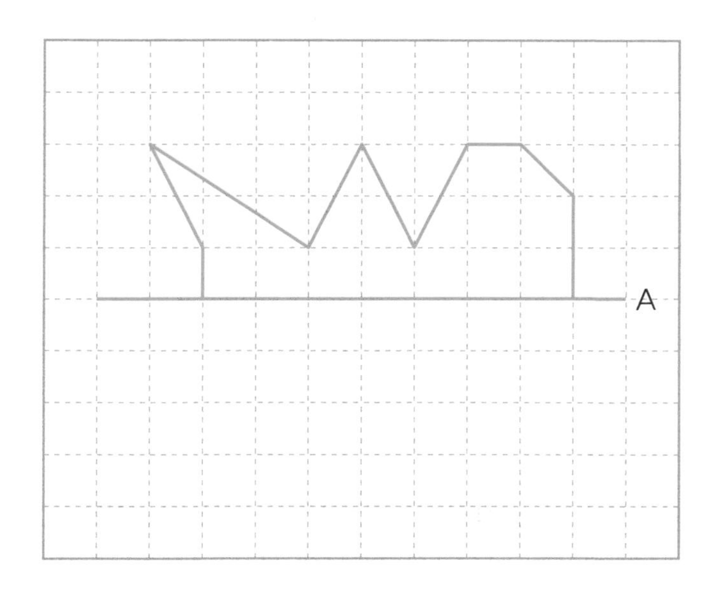

(2) 직선 B를 대칭축으로 하여 전체 그림이 선대칭이 되도록 그림을 완성해 봅시다.

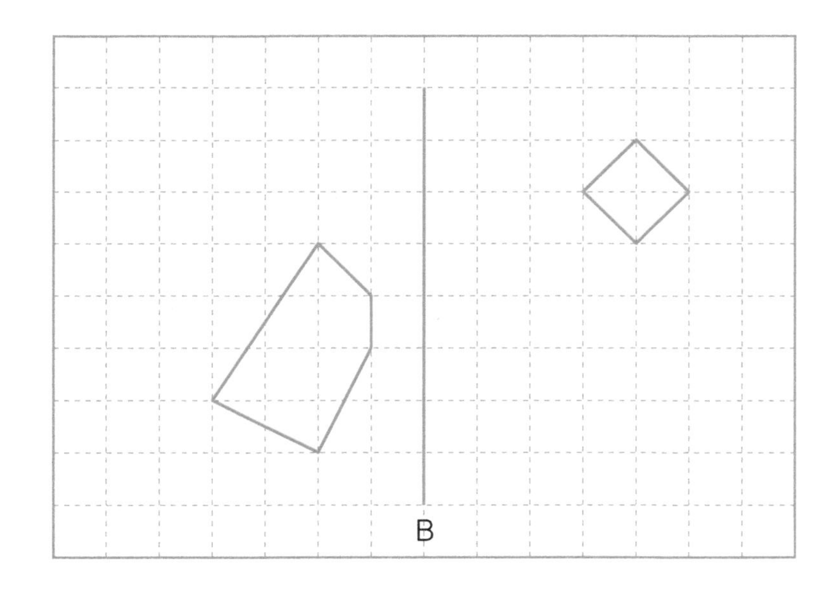

수학비밀 35 선대칭도형 만들기

크기가 같은 여러 개의 정사각형을 변끼리 연결하여 만들 수 있는 선대칭도형을 찾아봅시다.
4개의 정사각형을 이용하면 다음과 같이 세 가지 모양의 선대칭도형을 만들 수 있습니다.
(단, 뒤집거나 돌려서 모양이 같아지면 한 가지 모양으로 생각합니다.)

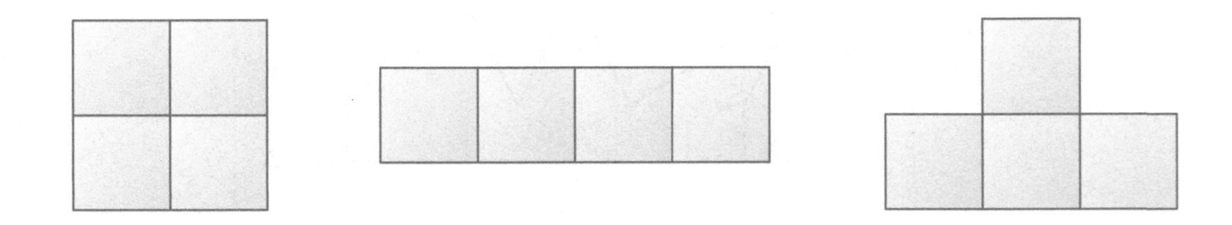

1. 5개의 정사각형을 변끼리 연결하여 만들 수 있는 선대칭도형은 모두 몇 개입니까?

2. 1에서 찾은 도형의 대칭축은 몇 개씩인지 구해 봅시다.

5개의 정사각형으로 만들 수 있는 선대칭도형의 개수를 어떻게 구했는지 적어 봅시다.

수학 비밀 36 성냥개비 게임

한 줄로 나열되어 있는 성냥개비를 두 사람이 번갈아가면서 가져가는데, 한 번에 1개, 2개 또는 3개를 가져갈 수 있습니다. 마지막 성냥개비를 가져가는 사람이 이기는 것으로 할 때, 먼저 가져가는 사람이 반드시 이길 수 있는 방법을 찾아봅시다.
(단, 한번에 여러 개의 성냥개비를 가져갈 때에는 반드시 인접한 성냥개비들을 가져가야 합니다.)

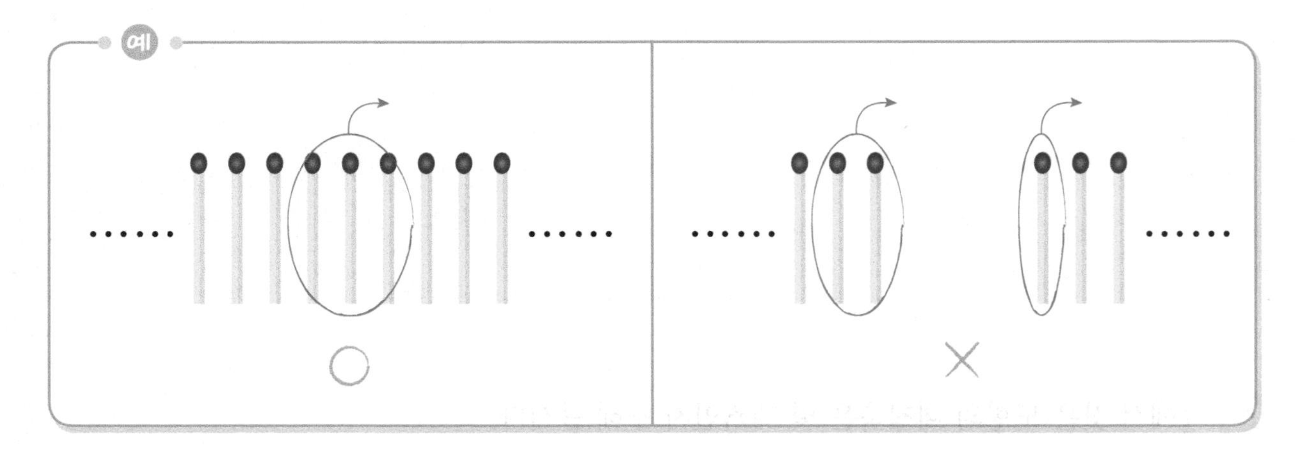

1. 성냥개비 9개가 한 줄로 나열되어 있습니다. 먼저 가져가는 사람이 항상 이길 수 있는 방법과 그 이유를 써 봅시다.

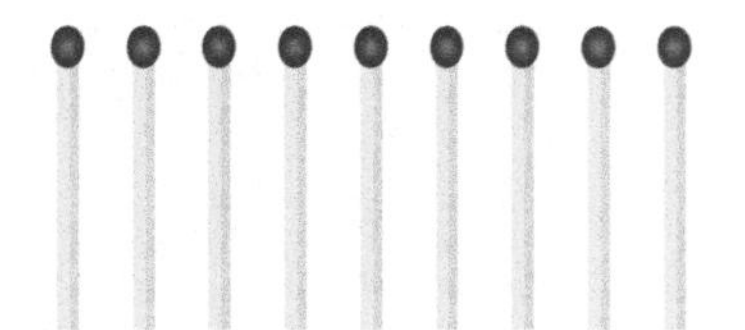

2. 성냥개비 101개가 한 줄로 나열되어 있을 때, 먼저 가져가는 사람이 항상 이길 수 있는 방법과 그 이유를 써 봅시다.

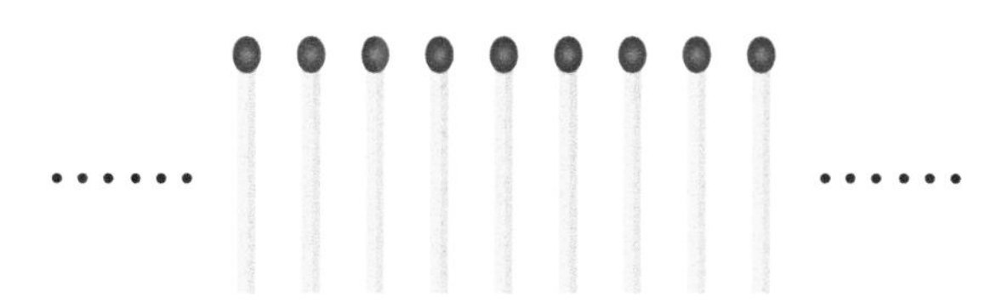

3. 성냥개비 100개가 한 줄로 나열되어 있을 때, 먼저 가져가는 사람이 항상 이길 수 있는 방법과 그 이유를 써 봅시다.

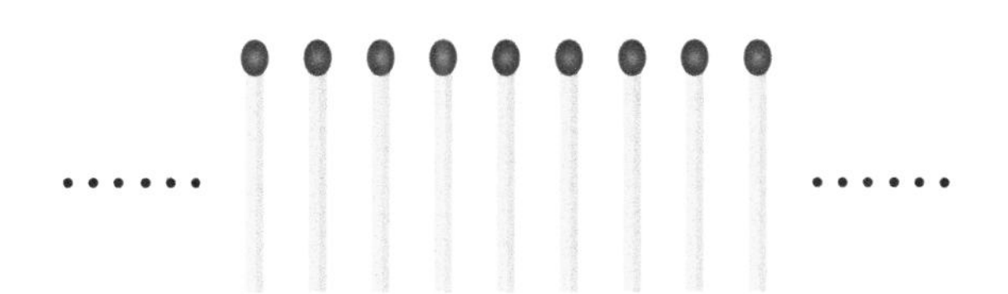

수학 비밀 37 가장 짧은 길 찾기

1. 창의는 '수질오염도'에 대한 연구를 합니다. 월요일마다 집에서 출발하여 강의 수질오염도를 측정한 후 학교에 갑니다. 이때, 가장 짧은 경로를 찾아 그림에 표시하고, 찾은 과정을 써 봅시다.

강

학교

창의네 집

2. 지혜는 '철도의 소음도'를 비교하려고 합니다. 집에서 출발하여 철도 A와 철도 B의 소음도를 측정하고 다시 집으로 돌아오는 가장 짧은 경로를 찾아 그림에 표시하고, 찾은 과정을 써 봅시다.

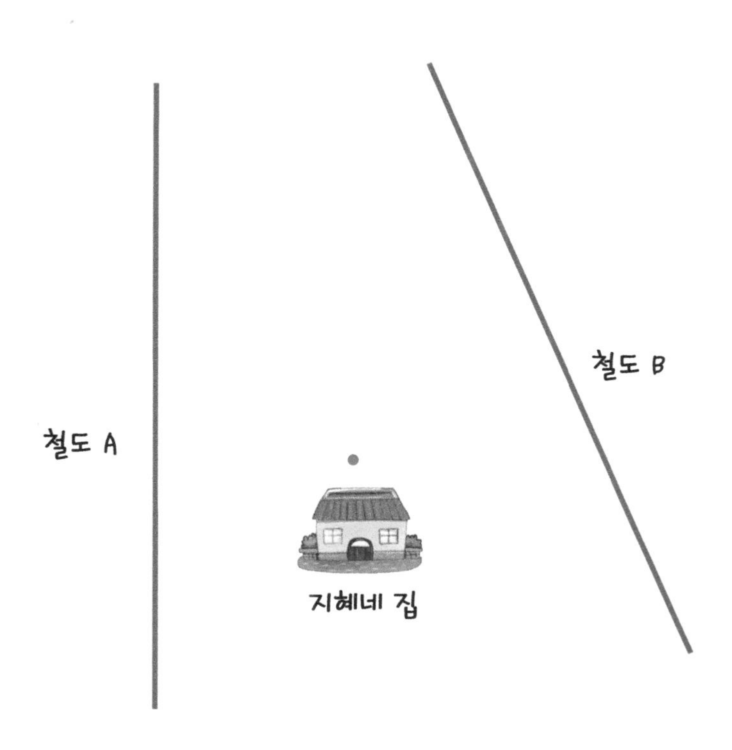

수학 비밀 38 점대칭도형

1. 다음 도형 중에서 어떤 점을 중심으로 180° 돌렸을 때, 처음 도형과 완전히 겹쳐지는 도형을 모두 찾고, 완전히 겹쳐지게 돌릴 수 있는 점을 그림에 표시해 봅시다.

① 이등변삼각형

② 등변사다리꼴

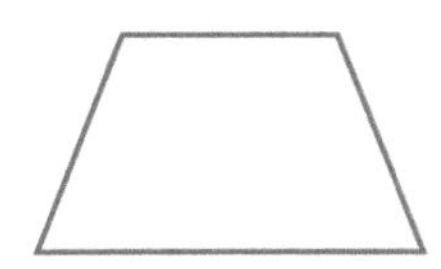

③ 평행사변형

④ 마름모

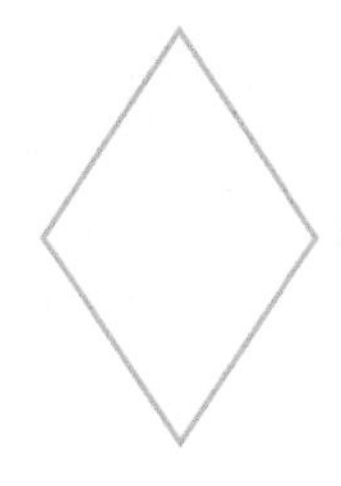

⑤ 직사각형

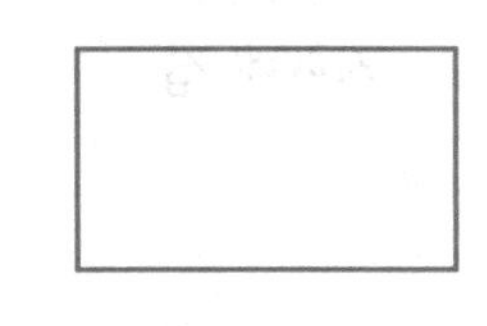

⑥ 정삼각형

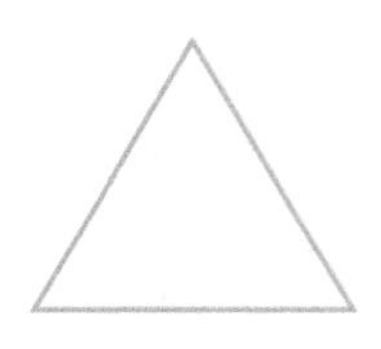

⑦ 정사각형

⑧ 정오각형

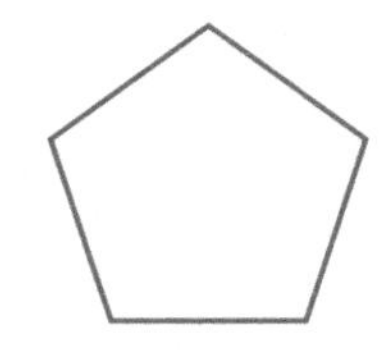

⑨ 원

2. 점대칭도형의 성질을 정리하고, 점대칭도형에서 대칭의 중심의 정확한 위치를 찾는 방법을 써 봅시다.

3. 꼭짓점의 개수가 홀수인 다각형 중에 점대칭도형이 있을까요? 있다면 그려 보고, 없다면 그 이유를 써 봅시다.

설명의 창

한 점을 중심으로 180° 돌렸을 때, 처음 도형과 완전히 겹쳐지는 도형을 **점대칭도형**이라고 합니다. 그리고 그 점을 **대칭의 중심**이라고 합니다.

4. 다음 그림을 보고 물음에 답해 봅시다.

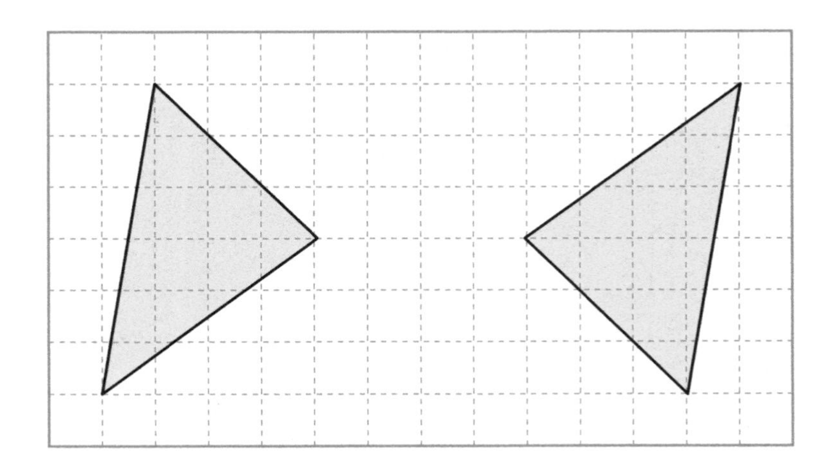

(1) 그림의 두 도형에서 어떤 관계를 찾을 수 있습니까?

(2) 위와 같은 관계에서 찾을 수 있는 성질을 써 봅시다.

5. 어떤 점을 중심으로 180° 돌렸을 때, 처음 그림과 완전히 겹쳐지는 그림을 그리려고 합니다.

(1) 점 A를 대칭의 중심으로 하는 점대칭도형이 되도록 그림을 완성해 봅시다.

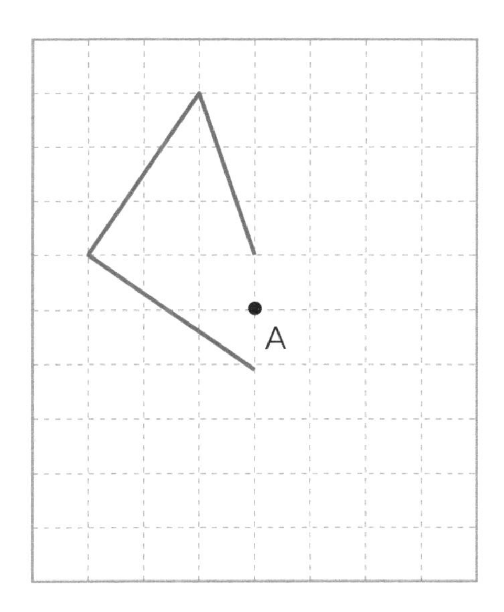

(2) 점 B를 대칭의 중심으로 하여 전체 그림이 점대칭이 되도록 그림을 완성해 봅시다.

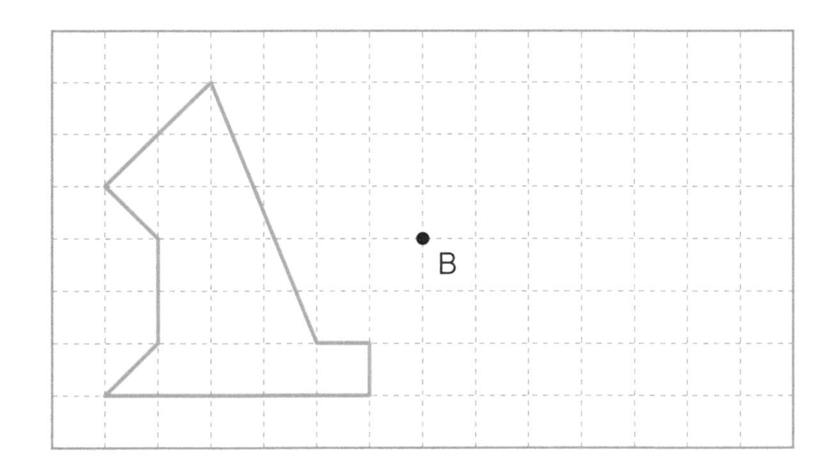

수학비밀 39 합동으로 나누기

1. 다음과 같은 모양의 종이가 있습니다. 이 종이를 합동인 두 조각으로 나누는 서로 다른 직선을 그림 위에 표시해 봅시다.

(1)

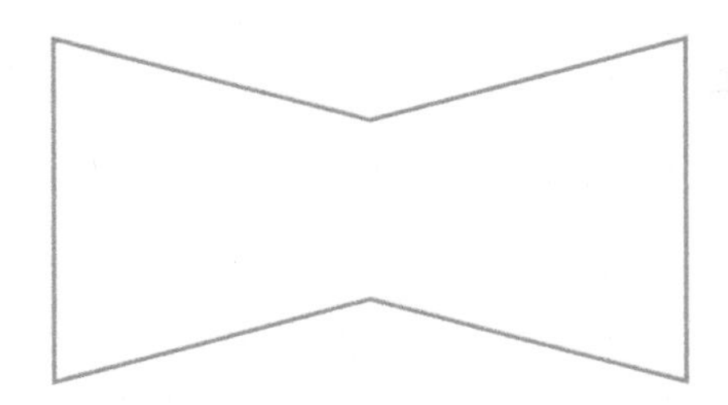

(2)

(3)

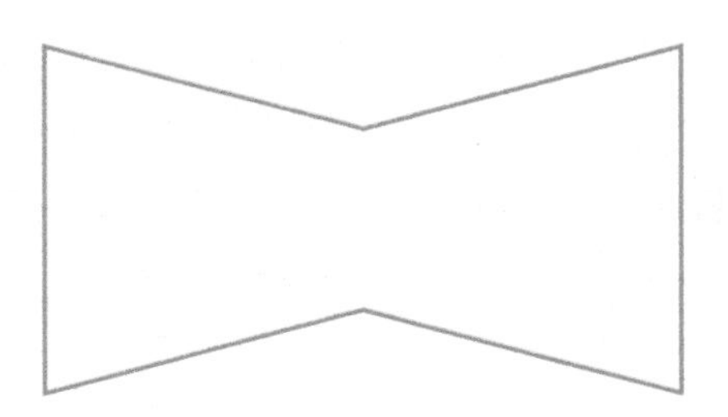

(4)

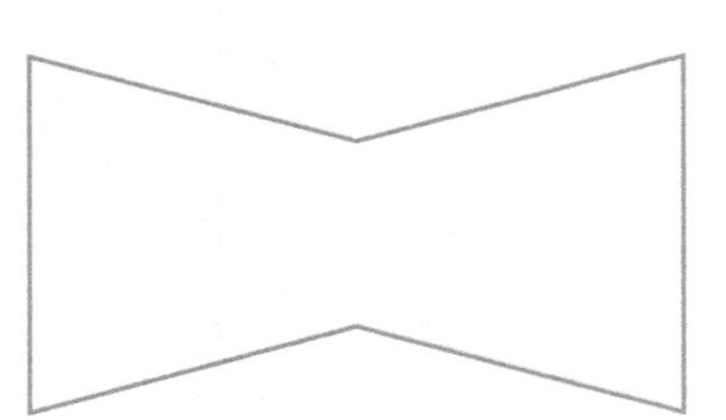

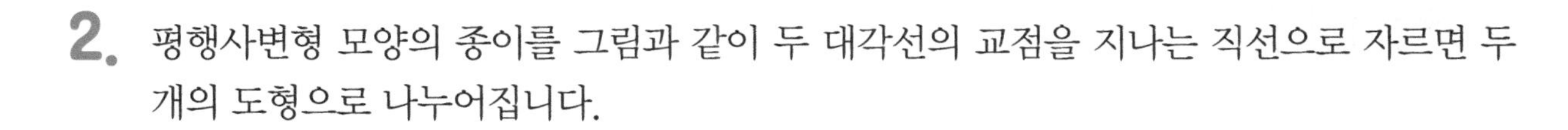

2. 평행사변형 모양의 종이를 그림과 같이 두 대각선의 교점을 지나는 직선으로 자르면 두 개의 도형으로 나누어집니다.

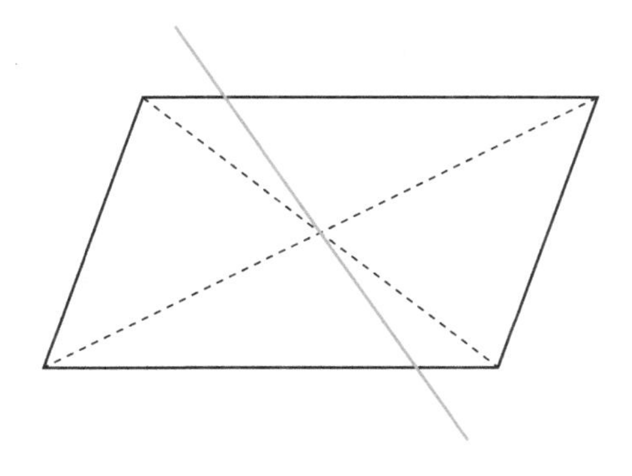

(1) 이때, 나뉜 두 도형은 합동입니까?

(2) 평행사변형을 두 대각선의 교점을 지나는 선으로 잘랐을 때, 나뉜 두 도형이 합동이 되는 다른 경우를 찾아 그려 봅시다.

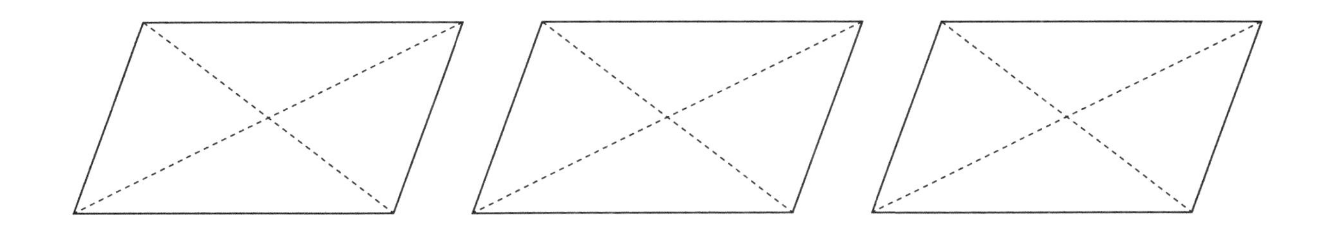

3. 점대칭도형을 두 개의 합동인 도형으로 나누는 방법을 써 봅시다.

수학비밀 40 수다쟁이 마을

지혜와 영재는 수다쟁이 마을에 도착하였습니다. 수다쟁이 마을 동물들은 말하는 걸 좋아해서 자기가 하는 말이 옳은지 틀린지 생각하지 않고 먼저 말을 합니다.

1. 다음 수다쟁이 마을 동물들의 말이 참인지 거짓인지 표시해 봅시다.

(1) 도도새 : 어떤 자연수가 3의 배수이면 그 자연수는 6의 배수야.

(2) 두꺼비 : 어떤 자연수에 그 수보다 3 큰 수를 더하면 항상 홀수가 되지.

(3) 비둘기 : 모든 직사각형은 정사각형이야.

(4) 토끼 : 어떤 이등변삼각형은 정삼각형이야.

2. 수다쟁이 마을 게시판에 다음과 같은 글이 붙었습니다.

게시판을 보고 수다쟁이 마을 동물들이 수다를 떨기 시작했습니다. 게시판의 내용이 참이라고 하면, 다음 중 참인 이야기를 하고 있는 동물은 누구입니까?

- 도도새 : 모든 꽃은 아름다워.
- 토끼 : 아름다운 것은 모두 꽃이야.
- 비둘기 : 아무 향기가 없으면 꽃이 아니야.
- 두꺼비 : 아름답지 않은 것은 좋은 향기가 나지 않아.

수학 비밀 41 고양이 교수 마을

수다쟁이 마을을 떠난 지혜와 영재는 고양이 교수들이 살고 있는 마을에 도착하였습니다. 고양이 교수들은 신중해서 항상 참인 이야기만 합니다.

1. 오늘 고양이 학교에서는 네 명의 교수가 1교시부터 4교시까지 한 시간씩 수업을 합니다. 하양이, 까망이, 노랑이, 얼룩이 네 교수는 각각 다른 과목을 가르칩니다. 다음 교수들의 말을 보고, 어떤 교수가 어떤 과목을 몇 교시에 가르치는지 알아봅시다.

(1) 1교시부터 4교시까지 각각 어떤 교수가 수업을 하는지 표를 채워 봅시다.

얼룩이

까망이

	1교시	2교시	3교시	4교시
교수				

(2) 지혜와 영재는 퍼즐 수업에 들어가려고 합니다. (1)의 대화와 다음 대화로부터 아래 표의 내용을 채워 봅시다. 지혜와 영재가 퍼즐 수업을 들으려면 몇 교시 수업에 들어가야 할까요?

암호 수업은
논리 수업보다
먼저 한다네.

하양이

퍼즐, 암호 수업이
연달아 있지는 않구만.

노랑이

	1교시	2교시	3교시	4교시
교수				
과목				

2. 고양이 교수 셋이 앉아 있습니다. 영재는 파란색 모자 3개와 빨간색 모자 2개를 꺼내서 모자를 하나씩 선물로 주겠다고 하였습니다. 고양이 교수들이 눈을 감았을 때, 창의가 모자를 하나씩 씌워 주었습니다.

까망이 교수는 어떻게 자신의 모자 색을 알았을까요? 다음 물음에 답해 봅시다.

(1) 세 고양이 교수가 쓰고 있는 모자가 1개는 파란 모자, 2개는 빨간 모자였다면 그림과 같은 상황이 나올 수 있는지 답해 봅시다.

(2) 어떤 경우에 그림의 상황과 같이 까망이 교수가 자신의 모자 색을 알 수 있는지 답해 봅시다.

수학 비밀 42 장난꾸러기 마을

지혜와 영재가 도착한 마을에는 장난을 좋아하는 세쌍둥이가 살고 있었습니다.

1. 세쌍둥이는 A, B, C 세 개의 상자 중 하나에 하트 여왕님이 좋아하는 선물을 숨겨 놓았습니다. 나머지 2개의 상자는 비어 있습니다. 세쌍둥이가 힌트를 줬는데, 한 명만 진실을 말하고 두 명은 거짓말을 했습니다.

선물은 어느 상자에 들어 있을까요?

2. 지혜와 영재는 어느 상자에 선물이 들어있는지 찾았습니다. 세쌍둥이는 비슷한 수수께끼를 한 번 더 해결하면 선물을 준다고 하였습니다. 이번에도 진실과 거짓말이 섞여 있습니다.

첫째

B 상자는 비어 있어.

둘째

첫째의 말은 진실이야.

셋째

선물은 C 상자 안에 들어 있어.

선물은 어느 상자에 들어 있을까요?

수학 비밀 43 노노그램

지혜와 영재는 노노그램을 해결하여 퍼즐 대결에 나갈 자격이 있음을 증명하려고 합니다. 노노그램은 왼쪽과 위에 표시되어 있는 숫자들 사이의 규칙을 발견하여 숨은 그림을 찾아 나가는 퍼즐입니다.

1. 다음의 노노그램에서 숫자와 색칠한 부분 사이의 관계를 보고 노노그램의 규칙을 찾아 써 봅시다.

가

	4	0	0	4
1 1	■			■
1 1	■			■
1 1	■			■
1 1	■			■

나

	4	0	1 2	2 1
1 2	■		■	■
1 1	■			■
1 1	■		■	
1 2	■		■	■

다

	5	1 1	1 1	1 1	3
4	■	■	■	■	
1 1	■				■
1 1	■				■
1 1	■				■
4	■	■	■	■	

라

	3	5	2 3	6	6	5	3
2 2		■	■		■	■	
7	■	■	■	■	■	■	■
2 4	■	■		■	■	■	■
7	■	■	■	■	■	■	■
5		■	■	■	■	■	
3			■	■	■		
1				■			

2. 다음 노노그램에는 영재가 좋아하는 2가지가 숨겨져 있습니다. 그것이 무엇인지 찾아봅시다.

(1)

	1	5	1 1	5	1
3					
1 1					
1 1					
1 1					
5					

(2)

	2	4	8	4 3	2 2	1	3	3
1 1								
3								
5								
5								
1 1								
1 1								
2 2								
3 1								
5								

노노그램을 해결하는 데 사용한 전략을 적어 봅시다.

3. 다음 노노그램에는 하트 여왕의 애완동물이 숨겨져 있습니다. 노노그램을 완성하여 애완동물이 무엇인지 찾아봅시다.

	10	3 2	1 1 1	1 1	4 1 1	3 1	1 1 1	1 1	4 2	10
10										
2 2 2										
2 2 2										
1 1 2										
1 1										
1 1 1 1										
1 1										
1 1 1										
2 2										
10										

4. 다음 노노그램에는 지혜와 영재의 퍼즐 대결의 승자가 숨겨져 있습니다. 노노그램을 완성하여 대결의 승자가 지혜인지 영재인지 찾아봅시다.

	1 3 3	1 2 1 1 1	3 2 1 1	1 2 1 1 1	1 3 3	0	1 1	5	5	5
5 1										
1 1										
3 1										
2 2 1										
1 1 1 1										
5 1 1										
2 1										
5 1 1										
1 1 2 1										
5 1 1										

노노그램을 해결하는 데 사용한 전략을 적어 봅시다.

수학 비밀 44 병사 배치 퍼즐

병사 배치 퍼즐의 규칙을 알아봅시다.

퍼즐의 규칙

① 병사 배치 퍼즐은 퍼즐판의 가로, 세로에 있는 숫자를 보고 병사를 배치하는 퍼즐입니다.

② 병사에 따라 퍼즐판의 4칸(◀■■▶), 3칸(◀■▶), 2칸(◀▶) 또는 1칸(◆)을 차지합니다.

③ 병사는 수직 또는 수평으로 자유롭게 배치할 수 있습니다.

④ 병사가 배치된 곳의 주위(가로, 세로, 대각선 방향)에는 다른 병사가 붙어서 배치될 수 없습니다.

⑤ 퍼즐판의 가로, 세로에 있는 숫자만큼 병사들이 퍼즐판의 칸을 차지하도록 배치되어야 합니다.

⑥ 배정된 병사들이 모두 퍼즐판에 배치되어야 합니다.

⑦ 바위( )가 있는 곳에는 병사를 배치할 수 없습니다.

보기

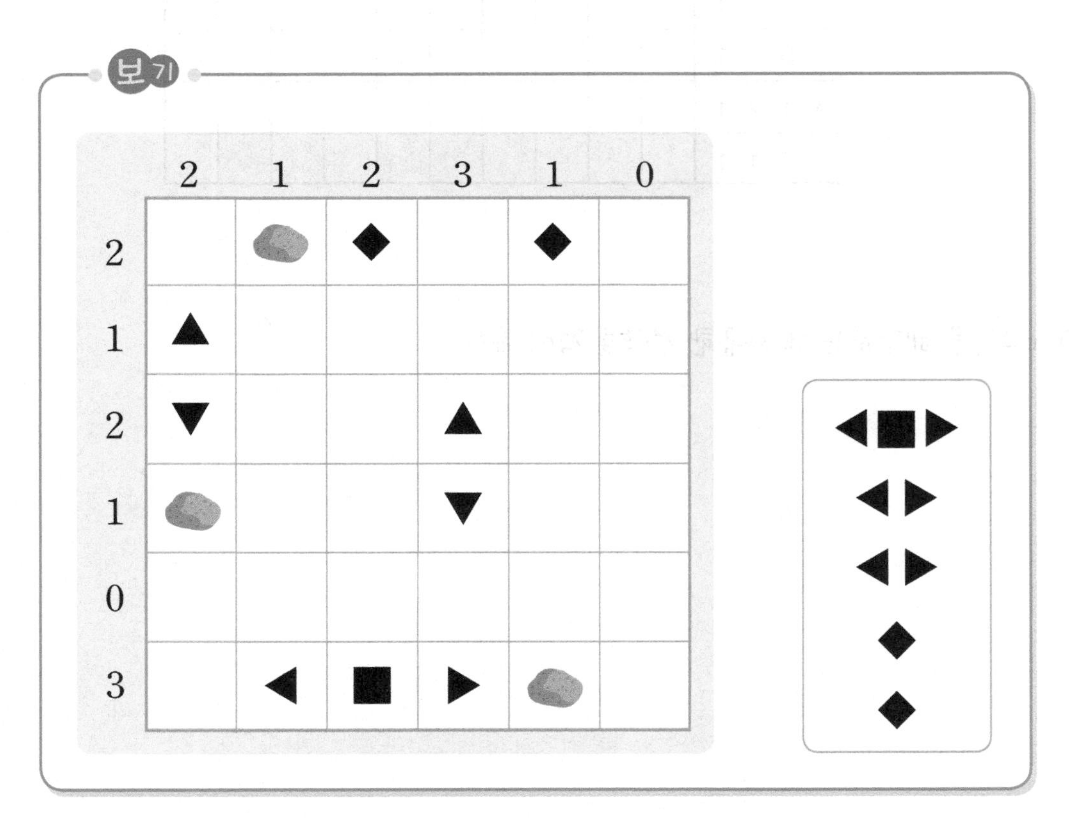

1. 다음 병사 배치 퍼즐에서 처음으로 알 수 있는 사실들을 찾아 써 봅시다.

	3	2	0	2	1	1
1		▲				
3						
0						
3						
1						
1						

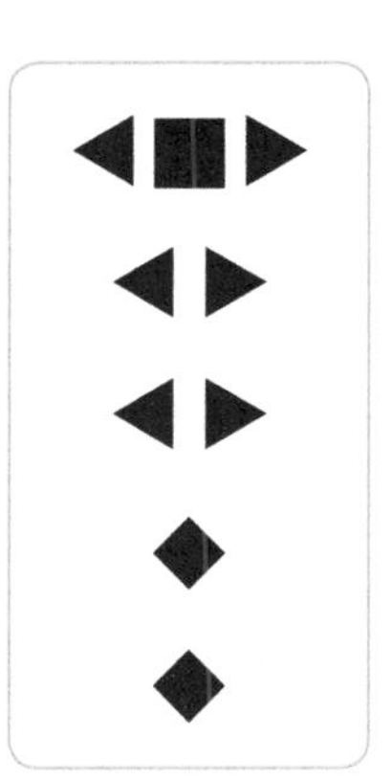

2. 규칙에 맞도록 병사들을 배치해 봅시다.

수학 비밀 45 병사 배치 퍼즐 해결 전략

1. 병사 배치 퍼즐의 해결 전략을 찾아봅시다.

(1) 다음 퍼즐에서 병사가 배치될 수 없는 칸에 모두 ╳를 표시해 봅시다.

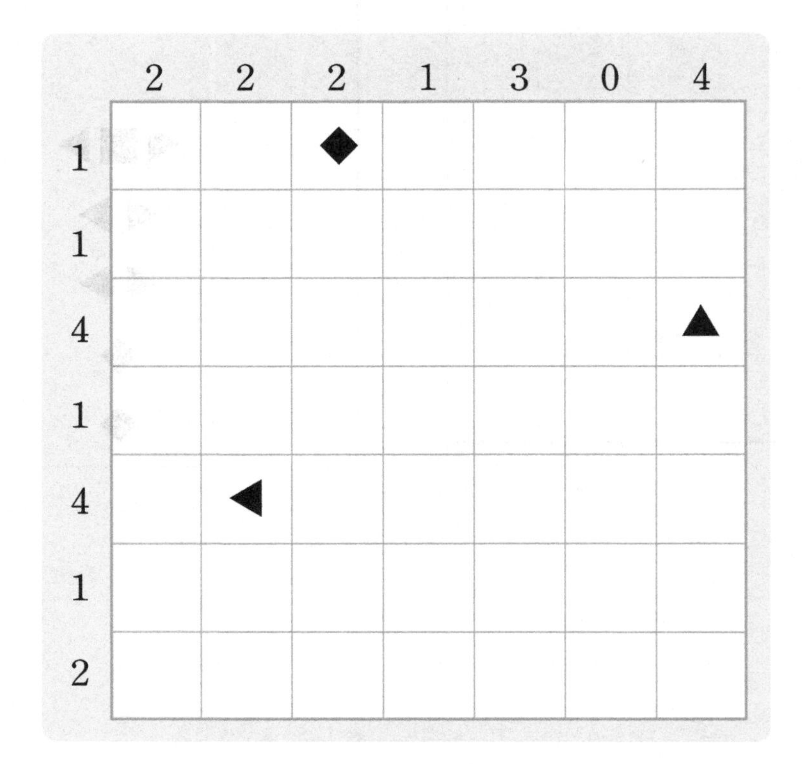

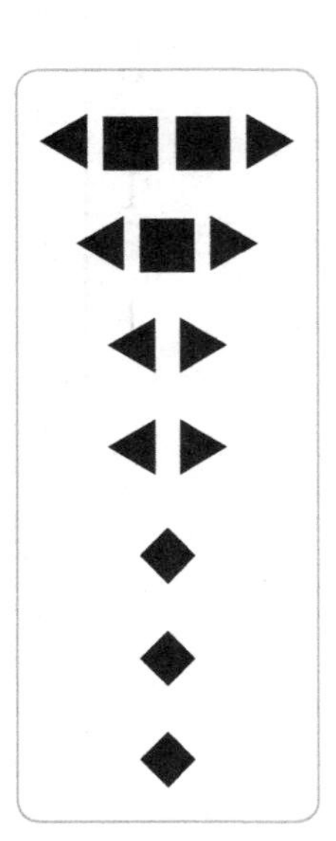

(2) ╳를 표시한 퍼즐판에서 4칸 병사가 배치될 수 있는 자리를 찾고, 그 자리에 배치되어야 하는 이유를 써 봅시다.

(3) 모든 병사를 배치해 봅시다.

	2	2	2	1	3	0	4
1			◆				
1							
4							▲
1							
4		◀					
1							
2							

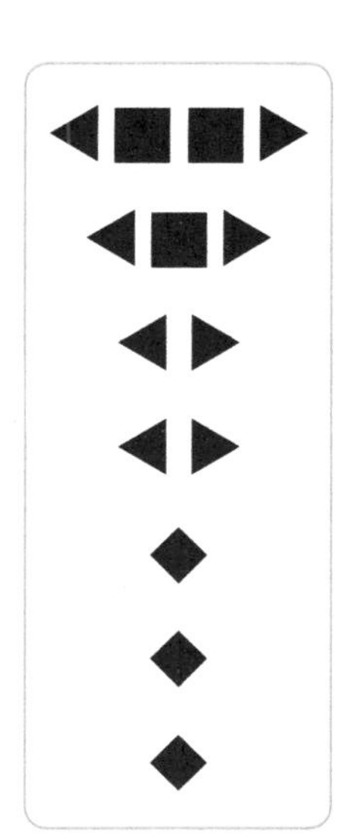

2. 규칙에 맞도록 병사들을 배치해 봅시다.

	2	1	1	3	0	3
1				▲		
2						
1						
3		◀				
1						
2						

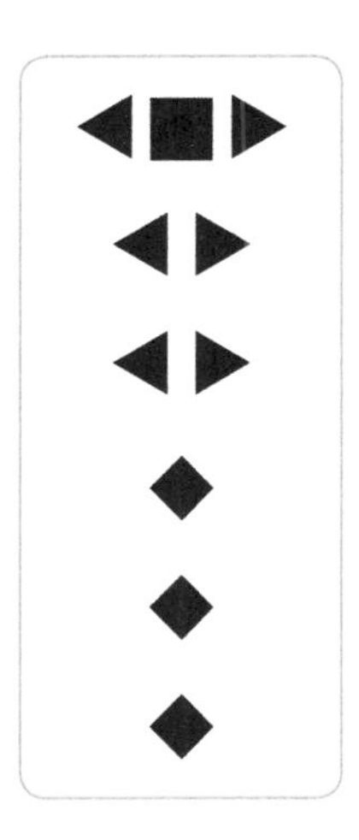

수학 비밀 46 작게 만들어 해결하기

1. 왼쪽의 기본 도형 4개를 이용하여 기본 도형과 모양이 같고 모든 변의 길이가 2배인 도형을 만들 수 있을까요?

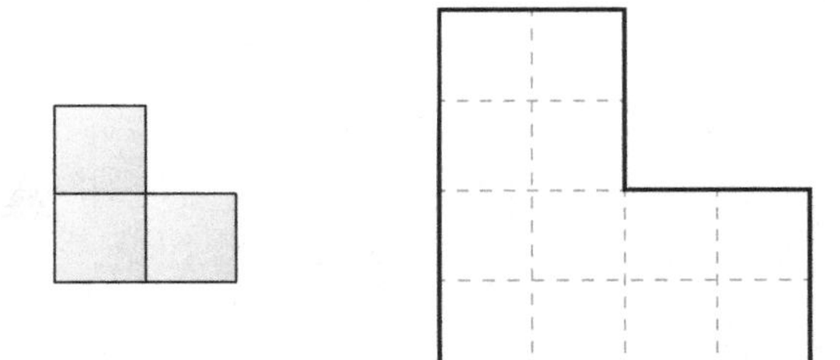

2. **1.**에서 만든 도형을 이용하여 다음 그림을 채울 수 있을까요?

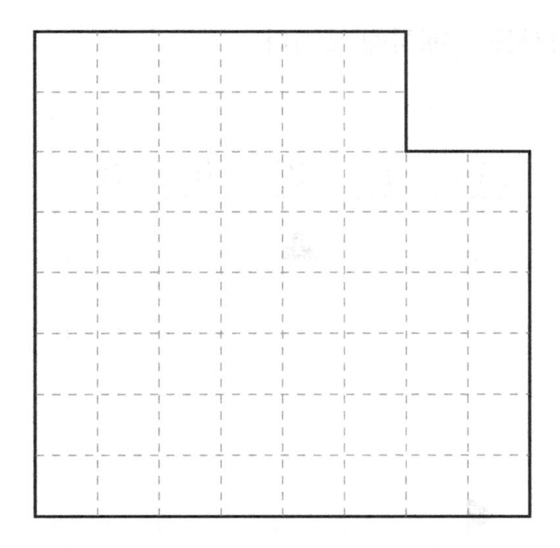

3. 다음 그림을 정사각형 3개를 붙여서 만든 기본 도형으로 완전히 채울 수 있을까요? 해결 방법을 적어 봅시다.

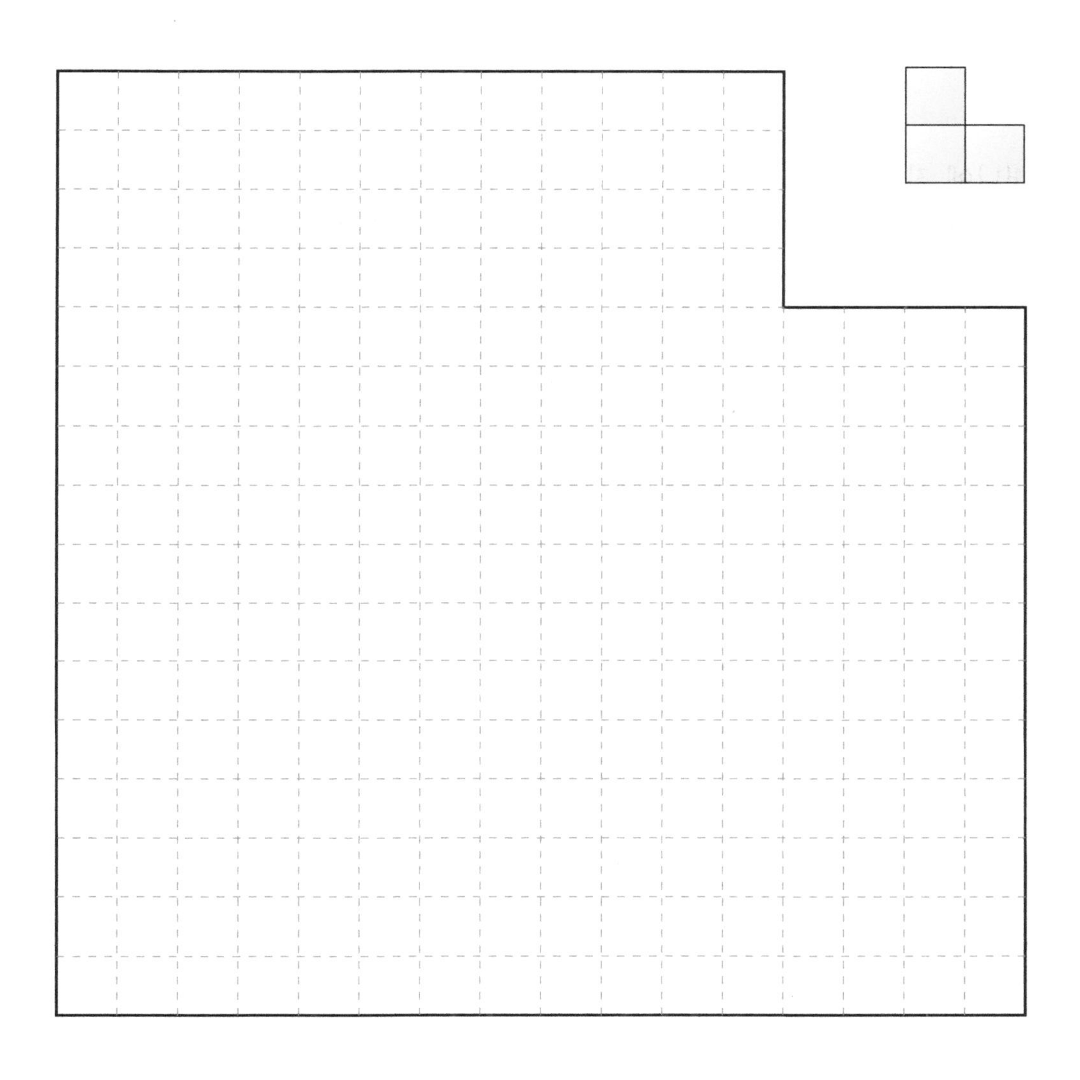

수학 비밀 47 가짜 금화 찾기

해적들이 금화가 들어 있는 보물 상자를 발견하였습니다. 그런데 실수로 가짜 금화 1개를 보물 상자에 떨어뜨렸습니다. 가짜 금화는 진짜 금화와 모양과 크기가 똑같지만 무게가 조금 가볍다고 합니다.

1. 주머니에 진짜 금화들과 가짜 금화 1개가 섞여 있습니다. 주머니에 들어 있는 금화가 몇 개일 때 양팔 저울을 한 번만 사용해서 가짜 금화를 찾을 수 있을까요?

(1) 진짜 금화 1개, 가짜 금화 1개

(2) 진짜 금화 2개, 가짜 금화 1개

(3) 진짜 금화 3개, 가짜 금화 1개

2. 27개의 금화들 중에 가짜 금화가 1개 섞여 있습니다.

(1) 양팔 저울을 최소로 사용하여 가짜 금화를 찾아내는 방법을 찾아 써 봅시다.

(2) 양팔 저울을 몇 번 사용하면 가짜 금화를 반드시 찾아낼 수 있을까요?

3. 다음 □ 안에 들어갈 수 있는 자연수를 모두 찾아봅시다.

> □개의 금화들 중 가짜 금화가 1개 섞여 있습니다. 양팔 저울을 세 번만 사용하면 가짜 금화를 찾을 수 없는 경우가 생기지만, 양팔 저울을 네 번 사용하면 가짜 금화를 반드시 찾을 수 있습니다.

4. 해적들이 찾은 보물 상자에는 진짜 금화 1000개와 가짜 금화 1개가 섞여 있습니다. 양팔 저울을 몇 번 사용하면 가짜 금화를 반드시 찾아낼 수 있는지 구해 봅시다.

수학 비밀 48 곱의 최댓값

자연수 5를 두 개 이상의 자연수의 합으로 나타내는 방법은 다음과 같습니다.

1+1+1+1+1, 1+1+1+2, 1+1+3, 1+2+2, 1+4, 2+3

이 때, 각 경우에 사용된 자연수들을 모두 곱한 값은 각각 1, 2, 3, 4, 4, 6입니다. 따라서 곱의 최댓값은 6입니다.

1. 4를 두 개 이상의 자연수의 합으로 나타낸 뒤, 각각의 경우에 사용된 자연수를 모두 곱해 봅시다. 곱의 최댓값은 얼마이고, 어떤 경우에 최댓값이 되었습니까?

2. 6을 두 개 이상의 자연수의 합으로 나타낸 뒤, 각각의 경우에 사용된 자연수를 모두 곱해 봅시다. 곱의 최댓값은 얼마이고, 어떤 경우에 최댓값이 되었습니까?

3. 7을 두 개 이상의 자연수의 합으로 나타낸 뒤, 각각의 경우에 사용된 자연수를 모두 곱해 봅시다. 곱의 최댓값은 얼마이고, 어떤 경우에 최댓값이 되었습니까?

4. 8, 9를 두 개 이상의 자연수의 합으로 나타낸 뒤, 사용된 자연수를 모두 곱한 결과 중에 최댓값을 구하려고 합니다. 각각 어떤 경우에 최댓값이 되고, 최댓값은 얼마인지 구해 봅시다.

5. 4 이상의 자연수를 두 개 이상의 자연수의 합으로 나타낸 뒤 사용된 자연수를 모두 곱할 때, 어떤 경우에 곱이 최댓값이 되는지 알아봅시다.

(1) 합으로 나타낼 때 1을 사용해야 합니까?

(2) 5 이상의 자연수를 사용해야 합니까?

(3) 4 이상의 자연수를 두 개 이상의 자연수의 합으로 나타낼 때 곱이 최댓값이 되는 경우는 어떤 수들의 합으로 이루어져 있습니까?

(4) 곱이 최대가 되는 경우는 어떤 경우인지 정리해 봅시다.

6. 100을 두 개 이상의 자연수의 합으로 나타낸 뒤, 사용된 자연수를 모두 곱한 결과 중에 최댓값을 구해 봅시다.

정답 및 풀이

Stage 1 학교 공부 다지기

1 10~11쪽

1. 45, 65
2. 8번째 배수: 128, 15번째 배수: 240
3. 9 cm
4. 오전 10시 12분
5. 4월 6일 오후 9시
6. 예 $(4+6)\times8\div1-3=77$,
$(4+6)\times8-3\div1=77$,
$8\times(4+6)\div1-3=77$,
$8\times(4+6)-3\div1=77$

풀이

1. 최소공배수=(최대공약수)×(남은 수)이므로 $585=5\times$(남은 수), (남은 수)=117입니다.
최대공약수를 구하고 남은 두 수의 곱은 117이고, 공약수는 1뿐이므로 남은 두 수는 (1, 117) 또는 (9, 13)이 될 수 있습니다.
그러므로 두 수는 (1×5, 117×5) 또는 (9×5, 13×5)로 (5,585), (45, 65)가 될 수 있습니다.
두 수의 합은 $5+585=590$, $45+65=110$입니다.
두 수의 합이 110이므로 알맞은 두 수는 (45, 65)입니다.

2. 어떤 수의 배수는 작은 수부터 차례로 어떤 수만큼 수가 커집니다. 그러므로 9째 배수와 11째 배수의 차는 어떤 수의 2배입니다. $32\div2=16$이므로 어떤 수는 16입니다.
16의 8째 배수는 $16\times8=128$이고,
16의 15째 배수는 $16\times15=240$입니다.

3. 먼저 변 ㄱㄴ과 변 ㄴㄷ의 길이의 합을 구합니다.
평행사변형에서 마주 보는 변의 길이가 같으므로 변 ㄱㄴ과 변 ㄴㄷ의 길이의 합은 $44\div2=22$ (cm)입니다.
이번에는 변 ㄱㄴ의 길이를 구합니다. 변 ㄱㄴ과 변 ㄴㄷ의 길이의 합은 22 cm 이고, 차는 4 cm이므로 변 ㄴㄷ의 길이는 9 cm, 변 ㄴㄷ의 길이는 13 cm입니다.
따라서 변 ㄷㄹ의 길이는 변 ㄱㄴ의 길이와 같으므로 9cm입니다.

4. 도, 레, 미가 동시에 소리가 나려면 8, 16, 12의 최소공배수의 간격이므로 48초마다 동시에 소리가 납니다.
따라서 오전 10시 이후 15번째로 소리가 동시에 나는 시각은 $48\times15=720$(초)입니다.
$720\div60=12$(분)입니다.
그러므로 오전 10시 12분입니다.

5. 오전 9시에서 오후 5시가 되려면 8시간이 걸립니다.
침실에 있는 시계는 거실에 있는 시계보다 8시간 느립니다.
그러므로
4월 7일 오전 5시−8시간
=4월 7일 오전 5시−5시간−3시간
=4월 6일 밤 12시−3시간
=4월 6일 오후 9시입니다.

6. 계산 결과가 가장 큰 자연수를 만들기 위해서는 곱하는 수가 가장 크고, 그 다음 큰 수로 더하기를 하고, 가장 작은 수로 ÷를 해야 합니다. 그러므로 1, 3, 4, 6, 8을 이용해서 값이 가장 큰 자연수를 만들기 위해서는 $(4+6)\times8\div1-3=77$이 됩니다. 또는
$(4+6)\times8-3\div1=77$,
$8\times(4+6)\div1-3=77$,
$8\times(4+6)-3\div1=77$
도 만들 수 있습니다.

2 12~13쪽

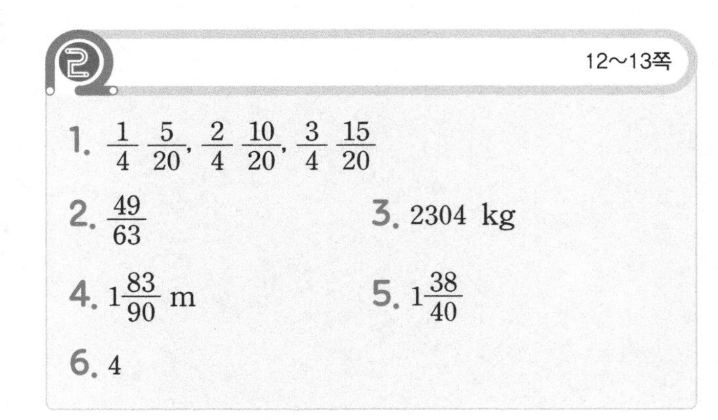

1. $\frac{1}{4}$ $\frac{5}{20}$, $\frac{2}{4}$ $\frac{10}{20}$, $\frac{3}{4}$ $\frac{15}{20}$
2. $\frac{49}{63}$
3. 2304 kg
4. $1\frac{83}{90}$ m
5. $1\frac{38}{40}$
6. 4

풀이

1. 크기가 같고 진분수이므로 4>△, 20>○입니다.
$\frac{\triangle\times5}{4\times5}=\frac{○}{20}$, △×5=○입니다. 따라서 ○는 5의 배수이고, 20보다 작은 수입니다. ○로 가능한 수는

5, 10, 15이고, 이때 △는 각각 1, 2, 3입니다.

따라서 완성할 수 있는 경우는 $\frac{1}{4}$ $\frac{5}{20}$, $\frac{2}{4}$ $\frac{10}{20}$, $\frac{3}{4}$ $\frac{15}{20}$입니다.

2. 분모와 분자의 최대공약수가 ★일 경우, 최소공배수를 구하면 ★×7×9=441입니다.

★×63=441, ★=7입니다.

따라서 최대공약수가 7인 기약분수 $\frac{7}{9}$은 $\frac{7\times7}{9\times7}=\frac{49}{63}$입니다.

3. 재활용품 수거장이 9곳이므로 9개로 하여 늘어나는 재활용품과의 관계를 표로 나타내 보면 다음과 같습니다.

시간 (분)	0	5	10	15	20	25	30	35	40
재활용품 (kg)	9	18	36	72	144	288	576	1152	2304

그러므로 40분 뒤에 모은 재활용품은 2304 kg입니다.

4. 그림 속 겹쳐진 부분의 길이는 (전체 종이끈의 길이) −1입니다. 3개의 종이끈을 겹쳤으므로 겹쳐진 부분은 2군데입니다.

(종이끈 3개의 길이의 합)−(겹쳐 붙인 전체 끈의 길이) =(겹쳐진 부분의 길이의 합)입니다.

종이끈 3개의 길이의 합$=2\frac{4}{5}+2\frac{4}{5}+2\frac{4}{5}$

$=6\frac{12}{5}=8\frac{2}{5}$

(겹쳐 붙인 전체 끈의 길이)$=4\frac{5}{9}$

따라서 (겹쳐진 부분의 길이의 합)$=8\frac{2}{5}-4\frac{5}{9}$

$=8\frac{18}{45}-4\frac{25}{45}=3\frac{38}{45}$입니다.

겹쳐진 부분은 두 군데이므로

$3\frac{38}{45}\times\frac{1}{2}=\frac{173}{90}=1\frac{83}{90}$

겹친 길이는 $1\frac{83}{90}$ m입니다.

5. (전체의 무게)−(소금 절반을 뺀 나머지 무게) =(소금 절반의 무게)입니다.

$6\frac{4}{5}-4\frac{3}{8}=6\frac{4\times8}{5\times8}-4\frac{3\times5}{8\times5}$

$=6\frac{32}{40}-4\frac{15}{40}$

$=2\frac{17}{40}$

(소금 전체의 무게)$=2\frac{17}{40}\times2=4\frac{34}{40}$

(전체의 무게)−(소금 전체의 무게)=(상자의 무게)

$6\frac{4}{5}-4\frac{34}{40}=6\frac{4\times8}{5\times8}-4\frac{34}{40}$

$=5\frac{72}{40}-4\frac{34}{40}$

$=1\frac{38}{40}$

입니다.

6. 세 분수에서 알 수 있는 것이 분자이므로 분자 2, 6, 8의 최소공배수를 구합니다. 최소공배수는 24이므로 분자를 24로 같게 하면

$\frac{24}{\square\times12}<\frac{24}{10\times4}<\frac{24}{11\times3}$

$=\frac{24}{\square\times12}<\frac{24}{40}<\frac{24}{33}$

분자가 같을 경우 분모가 작을수록 큰수이므로

$(\square\times12)>40$, $\square>3\frac{1}{3}$입니다.

□는 3보다 큰 자연수로 4, 5, 6, 7, 8……이며 가장 작은 자연수는 4입니다.

14~15쪽

1. 14 cm
2. 62 cm²
3. 271명 이상 315명 이하
4. 12 cm
5. 11 cm 미만, 14 cm 이상
6. 110 cm

풀이

1. 사다리꼴 ㄱㄴㄷㄹ의 넓이는

(14+23)×(높이)÷2=481이므로 (높이)=26 (cm), 따라서 변 ㄷㄹ의 길이는 26 cm이고, 선분 ㅂㄹ이 12 cm이므로 사다리꼴 ㄱㅁㄷㅂ의 높이인 변 ㄷㅂ의 길이는 26−12=14 (cm)입니다.

2. 정사각형을 3개를 이어 붙인 도형이므로,

(색칠한 부분)=(정사각형 3개의 넓이를 합한 값)

−(색칠하지 않은 삼각형의 넓이)
따라서
$(8\times8)+(4\times4)+(6\times6)-(8+4+6)\times6\div2$
$=64+16+36-54$
$=62$ (cm^2)

3. 버스 6대에 모두 타고, 7번째 버스에 한 명이 탔다면 $6\times45+1=271$이므로 271명 이상이고, 버스 7대에 모두 탔다면 $7\times45=315$이므로 315명 이하입니다.
그러므로 사랑초등학교 학생들은 271명 이상 315명 이하입니다.

4. 밑변의 길이가 15 cm, 높이가 8 cm인 평행사변형이므로
(넓이)$=15\times8=120$ (cm^2)
선분 ㄱㅇ은 밑변의 길이가 10 cm인 평행사변형의 높이이므로
$10\times$(선분 ㄱㅇ)$=120$, (선분 ㄱㅇ)$=12$ (cm)

5. 둘레가 55 cm인 정오각형의 한 변의 길이는 $55\div5=11$ (cm)이고, 둘레가 70 cm인 정오각형의 한 변의 길이는 $70\div5=14$ (cm)입니다.
그러므로 정오각형의 한 변의 길이가 될 수 없는 수의 범위는 11 cm 미만, 14 cm 이상입니다.

6. 첫째 도형은 가로가 16 cm, 세로가 12 cm인 직사각형과 둘레가 같습니다. 둘째 도형은 가로가 13 cm, 세로가 14 cm인 직사각형과 둘레가 같습니다.
그러므로 첫째 도형의 둘레는 $(16+12)\times2=56$ (cm) 둘째 도형의 둘레는 $(13+14)\times2=54$ (cm)입니다.
둘레의 합은 $56+54=110$ (cm)입니다.

4 16~17쪽

1. 751, 752, 753, 754 **2.** 90쪽
3. $\frac{1}{4}$ **4.** $2\frac{1}{4}$ 배
5. 9531, 9600, 9530 **6.** $\frac{22}{25}$

풀이

1. 버림하여 십의 자리까지 나타내면 750이 되는 자연수는 750, 751, 752 …… 759입니다. 반올림하여 십의 자리까지 나타내면 750이 되는 자연수는 745, 746, 747, 748, 749, 750, 751, 752, 753, 754입니다. 올림하여 십의 자리까지 나타내면 760이 되는 자연수는 751, 752, 753 …… 760입니다.
따라서 세 조건을 모두 만족하는 세 자리 수는 751, 752, 753, 754입니다.

2. 전체를 1이라고 하면, 어제 사용하고 난 나머지는
$1-\frac{4}{9}=\frac{5}{9}$입니다.
오늘 사용하고 난 나머지는
$\frac{5}{9}\times\left(1-\frac{2}{5}\right)=\frac{5}{9}\times\frac{3}{5}=\frac{15}{45}=\frac{1}{3}$이고
30쪽이 $\frac{1}{3}$이므로 공책의 전체 쪽수는
$30\times3=90$쪽입니다.

3. 이웃집 동생에게 준 장난감은 전체 장난감의
$1-\frac{3}{8}=\frac{5}{8}$입니다.
서준이가 알뜰 시장에 낸 장난감은
$\frac{3}{8}\times\frac{1}{6}=\frac{1}{16}$입니다.
이웃집 동생이 알뜰 시장에 낸 장난감은
$\frac{5}{8}\times\frac{3}{10}=\frac{3}{16}$입니다.
따라서 서준이가 처음 가진 전체 장난감에서 알뜰 시장에 낸 장난감은
$\frac{1}{16}+\frac{3}{16}=\frac{4}{16}=\frac{1}{4}$입니다.

4. 정사각형의 밭의 한 변의 길이를 1이라고 하였을 때, 처음 밭의 넓이는 $1\times1=1$입니다.
새로 만든 밭의 넓이는
$\left(1-\frac{1}{4}\right)\times(1\times3)=\frac{3}{4}\times3=\frac{9}{4}=2\frac{1}{4}$
따라서 새로 만든 밭의 넓이는 처음 밭의 넓이의 $2\frac{1}{4}$ 배입니다.

5. 만들 수 있는 가장 큰 네 자리 수는 9531입니다.
9531을 올림하여 백의 자리까지 나타내면 9600입니다.

9531을 버림하여 십의 자리까지 나타내면 9530입니다.

6. 제시된 분수를 보면 분모는 (순서+4)이고, 분자는 (분모−3)입니다.
그러므로 32째 수는
$\frac{(32+4)-3}{32+4}=\frac{33}{36}$입니다.
71째 수는 $\frac{(71+4)-3}{71+4}=\frac{72}{75}$입니다.
$\frac{33}{36}\times\frac{72}{75}=\frac{66}{75}=\frac{22}{25}$입니다.

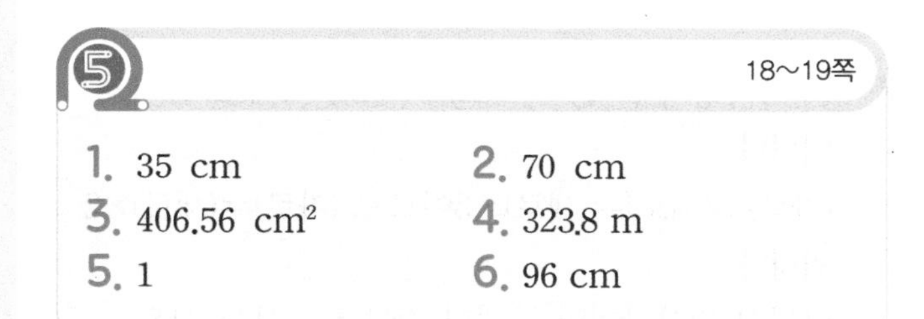

5 18~19쪽

1. 35 cm	**2.** 70 cm
3. 406.56 cm^2	**4.** 323.8 m
5. 1	**6.** 96 cm

풀이

1. 직각삼각형은 합동이므로 선분 ㄱㄹ+ 선분 ㄷㅁ의 길이는 선분 ㄱㅁ의 길이에서 선분 ㄹㄷ을 뺀 길이와 같습니다.
그러므로 도형의 둘레는
9.5+8+5+8+(9.5−5)=35 (cm)입니다.

2. 점대칭 도형은 각각의 대응점에서 대칭의 중심까지의 거리가 같습니다. 그러므로 제시된 도형의 점대칭 도형을 완성하면 다음과 같습니다.

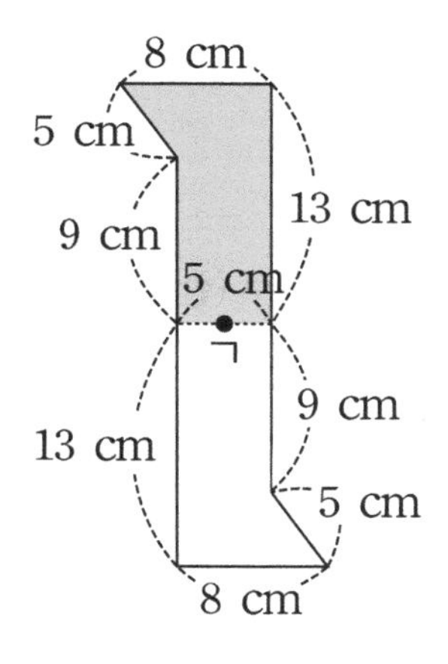

따라서 둘레의 길이는
8+5+9+13+8+5+9+13=70 (cm)입니다.

3. 정사각형의 넓이는 22×22=484 (cm^2)입니다.
줄인 정사각형의 한 변의 길이는
22−22×0.6=22−13.2=8.8 (cm)입니다.
그러므로 가로, 세로의 길이를 줄인 정사각형의 넓이는 8.8×8.8=77.44입니다.
줄어든 부분의 넓이는 484−77.44=406.56 (cm^2)입니다.

4. 철사 21개의 길이의 합
=15.8×21=331.8 (m)입니다.
겹쳐진 부분의 합은
=0.4×(철사의 개수−1)
=0.4×20
=8 m입니다.
따라서 이어 붙인 철사의 전체 길이
=331.8−8=323.8 (m)입니다.

5. 소수 한 자리 수를 ★번 만큼 곱하면 그 수는 소수 ★자리 수가 됩니다.
0.7을 68번 만큼 곱하면 0.7은 소수 68자리 수입니다.
0.7,
0.7×0.7=0.49,
0.7×0.7×0.7=0.343,
0.7×0.7×0.7×0.7=0.2401
0.7×0.7×0.7×0.7×0.7=0.16807
0.7×0.7×0.7×0.7×0.7×0.7=0.117649
그러므로 0.7을 곱하면 끝자리수가 7, 9, 3, 1이 반복됩니다.
68÷4=17이므로 소수 68번째 자리 숫자는 1입니다.

6. 정육면체의 모서리의 수는 12개입니다.
그러므로 모서리의 합이 216 cm인 도형의 한 변의 길이는 216÷12=18 (cm)입니다.
모서리의 합이 72 cm인 도형의 한 변의 길이는 6 cm입니다.
위에서 내려다 보면 정사각형이 보이므로 각각 눈에 보이는 도형의 둘레는 18×4=72, 6×4=24입니다.
따라서 둘레의 합은 72+24=96 (cm)입니다.

6
20~21쪽

1. 4 cm 2. 84 cm
3. 혜정, 98점 4. $\frac{4}{15}$
5. $5\frac{5}{12}$ cm² 6. $\frac{7}{27}$

풀이

1. 직육면체는 같은 길이의 모서리가 4개씩 3쌍 있으므로 직육면체를 만드는 데 필요한 수수깡의 길이:
$(10+6+8)\times4=96$ (cm)입니다.
96으로 정육면체를 2개 만드므로 한 개 만드는 데 드는 수수깡의 길이는 $96\div2=48$ (cm)입니다.
정육면체의 모서리는 12개이므로 $48\div12=4$ (cm)입니다.

2. 빨간색으로 칠한 ㄱ과 평행한 면은 그림과 같습니다.

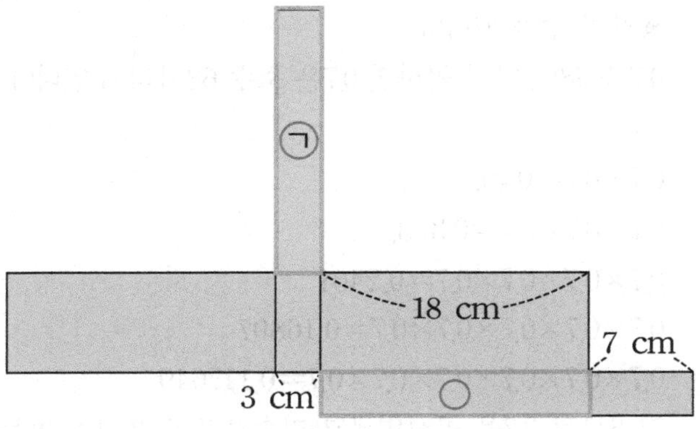

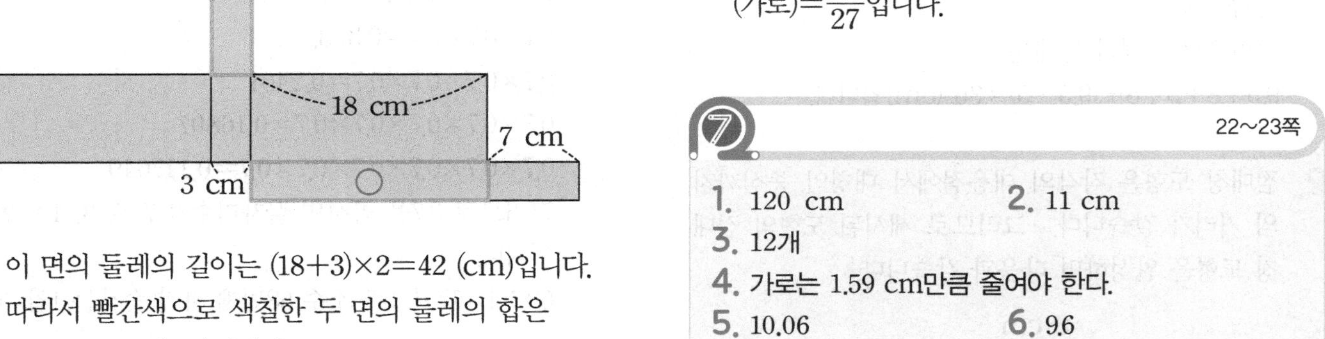

이 면의 둘레의 길이는 $(18+3)\times2=42$ (cm)입니다.
따라서 빨간색으로 색칠한 두 면의 둘레의 합은 $42+42=84$ (cm)입니다.

3. 지오와 혜정이의 수학 점수의 합:
$93\times2=186$
선민, 지오, 혜정이의 수학 점수의 합:
$90\times3=270$
(선민이의 점수)$=270-186=84$,
(지오의 점수)$=84+4=88$,
(혜정이의 점수)$=186-88=98$
가장 높은 점수를 받은 사람은 혜정이이고, 98점입니다.

4. 15의 약수는 1, 3, 5, 15로, 4개입니다. 수 15개 중 15의 약수가 나올 가능성을 수로 나타내면 $\frac{4}{15}$입니다.

5. (선미가 자른 종이 조각 1개의 넓이)
$=11\div4=\frac{11}{4}=2\frac{3}{4}$
(유정이가 자른 종이 조각 1개의 넓이)
$=16\div6=\frac{16}{6}=\frac{8}{3}=2\frac{2}{3}$
그러므로 (두 사람의 종이 조각 1개씩의 넓이의 합)
$=2\frac{3}{4}+2\frac{2}{3}=2\frac{9}{12}+2\frac{8}{12}=4\frac{17}{12}$
$=5\frac{5}{12}$ (cm²)

6. (직사각형의 둘레)=(가로)+(가로)+(세로)+(세로)입니다.
(가로)+(세로)=(세로)×3이므로 (가로)=(세로)×2입니다.
따라서 직사각형의 둘레의 길이를 구하는 식은
(가로)+(가로)+(가로)$=\frac{7}{9}$로 바꿀 수 있습니다.
이 식을 풀면,
(가로)×3$=\frac{7}{9}$
(가로)$=\frac{7}{27}$입니다.

7
22~23쪽

1. 120 cm 2. 11 cm
3. 12개
4. 가로는 1.59 cm만큼 줄여야 한다.
5. 10.06 6. 9.6

풀이

1. (각기둥의 꼭짓점의 수)=(한 밑면의 변의 수)×2=16,
(한 밑면의 변의 수)=8,
한 밑면의 변의 수가 8개이므로 팔각기둥입니다.
(팔각기둥의 모서리의 수)$=8\times3=24$입니다.
모든 모서리의 길이가 5 cm이므로 모든 모서리의 길이의 합은 $5\times24=120$ (cm)입니다.

2. 사각기둥의 높이를 ▲라고 하면,
(전개도의 넓이)
=(한 밑면의 넓이)×2+(옆면의 넓이의 합)

$=(5\times6)\times2+(5+6+5+6)\times▲$
$=60+22\times▲=302$입니다.
$22\times▲=242$, $▲=11$
따라서 사각기둥의 높이는 11 cm입니다.

3. 각뿔에서 밑면을 이루는 모서리의 수와 밑면을 이루지 않는 모서리의 수는 서로 같습니다. 각뿔에서 5 cm인 모서리의 수와 7 cm인 모서리의 수가 같으므로 밑면의 변의 수를 □개라고 하면
(모든 모서리의 길이의 합)
$=5\times□+7\times□=12\times□=144$,
$□=12$
따라서 이 각뿔의 밑면의 변은 12개입니다.

4. $15.9\times9=143.1$입니다.
세로를 1 cm 늘리면 10 cm이므로
$10\times$(가로)$=143.1$, 가로$=14.31$입니다.
$15.9-14.31=1.59$이므로
가로는 1.59 cm만큼 줄여야 합니다.

5. $65.3♥15=(65.3-15)\times3\div15=50.3\times3\div15$
$=10.06$

6. (삼각형의 넓이)$=16\times12\div2=96$ (cm^2)
$20\times□\div2=96$, $20\times□=192$, $□=9.6$
따라서 □ 안에 알맞은 수는 9.6입니다.

24~25쪽

1. 8명
2. 예 두 삼각형은 밑변의 길이에 대한 높이의 비율이 같다.
3. 10 %
4. 20 %
5. 453.75 cm^3
6. 5832 cm^3

풀이

1. (수학을 좋아하는 학생 수)$=35\times0.4=14$,
수학을 좋아하는 남학생의 비율이 $\frac{3}{7}$이므로
$14\times\frac{3}{7}=6$명입니다.
따라서 (수학을 좋아하는 여학의 수)$=14-6=8$명입니다.

2. 첫 번째 삼각형의 밑변의 길이에 대한 높이의 비는 5:20
비율: $\frac{5}{20}=\frac{1}{4}=0.25$
두 번째 삼각형의 밑변의 길이에 대한 높이의 비는 2:8
비율: $\frac{2}{8}=\frac{1}{4}=0.25$

3. 2500개가 정상 제품일 때 이익금:
$700\times2500=1750000$
손해액$=1750000-1450000=300000$
제품이 불량이면 정상일 때 보다
$700+500$원의 손해가 발생하므로
불량품 수$=300000\div1200=250$개입니다.
불량품 수의 비율: $\frac{250}{2500}\times100=10$ %

4. 초등학생이 300명이고 300명이 100 %이므로 3명이 1 %를 나타냅니다.
20명이 전학 왔으므로 전체 학생 수는 320(명)이고, 겨울을 좋아하는 학생 수는 $(18\times3)+10=64$(명)입니다.
따라서 겨울을 좋아하는 학생(%)
$=\frac{(18\times3)+10}{320}\times100=\frac{64}{320}\times100$
$=\frac{640}{32}$
$=20$ (%)

5. 밑면의 둘레가 일정할 때 넓이가 가장 넓으려면 밑면이 정사각형이어야 합니다.
$22\div4=5.5$ (cm)
밑면의 넓이가 가장 넓은 직육면체는 가로, 세로가 각각 5.5 cm입니다.
(직육면체의 부피)
$=5.5\times5.5\times15=453.75$ (cm^3)입니다.

6. 정육면체의 모서리는 12개이고 길이가 모두 같으므로 한 모서리의 길이는
$216\div12=18$ (cm)입니다.
(정육면체의 부피)$=18\times18\times18=5832$ (cm^3)입니다.

26~27쪽

1. $1\frac{1}{3}$
2. 8
3. 27일의 밤의 길이: $11\frac{1}{3}$
   28일의 밤의 길이: $11\frac{5}{8}$
4. 45.955 cm^2
5. 19장
6. 2, 3

풀이

1. 구하고자 하는 분수를 $\frac{○}{△}$ 라고 하면
   $\frac{○}{△}\div\frac{2}{3}=\frac{○}{△}\times\frac{3}{2}$입니다.
   $\frac{○}{△}\div\frac{4}{9}=\frac{○}{△}\times\frac{9}{4}$이므로
   계산 결과가 자연수가 되게 하려면 △는 3과 9의 공약수이고, ○는 2와 4의 공배수여야 합니다.
   $\frac{○}{△}=\frac{(2와\ 4의\ 최소공배수)}{(3와\ 9의\ 최대공약수)}=\frac{4}{3}=1\frac{1}{3}$

2. $35\div\frac{5}{□}=(35\div5)\times□=7\times□$,
   $12\div\frac{2}{9}=(12\div2)\times9=6\times9=54$,
   $7\times□>54$
   $7\times7=49$, $7\times8=56$이므로 □ 안에 들어갈 가장 작은 자연수는 8입니다.

3. 27일 밤의 길이를 □라고 하면,
   낮의 길이는 $(□+1\frac{1}{3})$시간입니다.
   하루는 24시간이므로
   $□+□+1\frac{1}{3}=24$, $□+□=22\frac{2}{3}$, $□=11\frac{1}{3}$
   28일 밤의 길이를 △라고 하면, 낮의 길이는
   $(△+\frac{3}{4})$시간입니다.
   $△+△+\frac{3}{4}=24$, $△+△=23\frac{1}{4}$,
   $△=11\frac{5}{8}$

4. (사다리꼴의 높이)=(직사각형의 세로)
   (직사각형의 넓이)=5.2×(세로)=47.32,
   (세로)=9.1 cm입니다.
   따라서 사다리꼴의 넓이=(3.7+6.4)×9.1÷2
   =45.955 (cm^2)입니다.

5. (종이끈을 이을 때마다 늘어나는 길이)
   =11−1.45=9.55 (cm)
   (종이끈의 전체 길이)
   =11+9.55×(더 이은 종이끈의 수)
   =182.9,
   (더 이은 종이끈의 수)=18입니다.
   따라서 이은 종이끈의 수는 18+1=19(장)

6. 소수 첫째 자리까지 반올림하여 5.2가 되는 수는 5.15 이상 5.25 미만인 수입니다.
   8.□4는 5.15×1.6 이상 5.25×1.6 미만인 수입니다.
   8.24 이상 8.4 미만인 수로 □ 안에 들어갈 수는 2, 3입니다.

10

28~29쪽

1. 5개, 0.8 m
2. 850개
3. 가로의 길이: 42 cm,
   세로의 길이: 24 cm
4. 5:9
5. 31.4 cm
6. 12.56 cm

풀이

1. (철사의 길이)=2×7+3.8=14+3.8=17.8 m이고
   만들 수 있는 리본의 갯수는
   17.8÷3.4=5⋯0.8입니다.
   따라서 17.8 m로 최대 5개의 리본을 만들 수 있고 0.8 m가 남습니다.

2. (특실의 수)=1250×30 %=$1250\times\frac{30}{100}$=375(개)
   (일반실의 수)=1250−(특실의 개수)=1250−375
   =875(개)
   (찬 특실의 수)=375×60 %=$375\times\frac{60}{100}$=225(개)
   (찬 일반실의 수)=$875\times\frac{1}{5}$=175(개)
   따라서 (남은 객실의 수)=1250−225−175
   =850(개)입니다.

3. 가로와 세로의 비: 7×★:4×★
   (직사각형의 넓이)=7×★×4×★=1008
   28×★×★=1008, ★×★=36
   6×6=36이므로 ★=6입니다.

가로의 길이: $7\times6=42$ cm,
세로의 길이: $4\times6=24$ cm입니다.

4. (노란색을 칠하고 남은 부분)
$=1-\frac{1}{4}=\frac{3}{4}$
(초록색을 칠한 부분)$=\frac{3}{4}\times\frac{3}{5}=\frac{9}{20}$
(노란색을 칠한 부분):(초록색을 칠한 부분)
$=\frac{1}{4}:\frac{9}{20}=5:9$입니다.

5. (사다리꼴의 넓이)
$=(12+15)\times$(높이)$\div2=135$, (높이)$=10$ cm 입니다.
(사다리꼴 안의 가장 큰 원의 지름)=(사다리꼴의 높이)이므로 원의 지름은 10 cm이고,
(원주)$=10\times3.14=31.4$ (cm)입니다.

6. 색칠한 부분의 넓이가 같으므로 반원의 넓이와 직각삼각형의 넓이가 같습니다.
(반원의 넓이)
$=(3.14\times8\times8)\div2$
$=100.48$ (cm^2)
(직각삼각형의 넓이)$=16\times\square\div2$
$=8\times\square$
$=100.48$
따라서 $\square=12.56$ cm입니다.

Stage 2. 와이즈만 영재탐험 수학

1 암호의 규칙 32~35쪽

수학비밀01 스키테일 암호

1. 나와 함께 있으면 모든 것이 수학으로 변한다.
2. (예시 답안)
   - 암호문에서 일정한 간격으로 건너 뛰어 읽으면 암호문을 해독할 수 있다.
   - 암호문을 같은 글자 수로 이루어진 몇 개의 모둠으로 나누어 각 모둠의 글자를 하나씩 차례대로 읽으면 암호문을 해독할 수 있다.
3. 신은 자연수를 만들었고 그 밖의 모든 것은 사람이 만든 것이다.

스키테일 암호는 글자를 몇 글자씩 건너 뛰어 읽을지를 결정하면 약속된 원통 막대기가 없어도 쉽게 해독할 수 있다. 따라서 스키테일 암호는 다른 사람들이 풀 수 없는 안전한 암호가 아니다.

수학비밀02 시저 암호

1. 기하학에는 왕도가 없다.
2. ㅎㄹㅜㅠ아ㅂㅅㅍㄴ자ㅅ카ㅂㅈㅇㅂㅑㅠ하ㅁㅏㅣ사ㅅㅎㅎㅊㅠ

풀이

수학비밀01 스키테일 암호

1. 연필, 색연필, 볼펜, 매직 등 다양한 굵기의 원통 막대기를 준비하여 암호문을 감아보고, 암호를 풉니다.

2. 예를 들어, 1.에서 암호문 '나께면것학변와있모이으한함으든수로다'의 각 글자에 번호를 붙일 수 있습니다.

나	께	면	것	학	변	와	있	모
1	2	3	4	5	6	7	8	9
이	으	한	함	으	든	수	로	다
10	11	12	13	14	15	16	17	18

암호를 풀었을 때 이 번호가 어떻게 나열되는 지를 살펴봅니다.

나	와	함	께	있	으	면	모	든
1	7	13	2	8	14	3	9	15
것	이	수	학	으	로	변	한	다
4	10	16	5	11	17	6	12	18

번호가 '1—7—13/ 2—8—14/ 3—9—15/ 4—10—16/ 5—11—17/ 6—12—18' 순서로 나열되어 있음을 알 수 있습니다. 따라서 스키테일 암호를 풀면서 발견할 수 있는 규칙은 다음과 같습니다.

① 암호문에서 일정한 간격으로 건너뛰어 읽으면 암호문을 해독할 수 있다. (이 경우에는 여섯 칸 뒤의 글자를 읽고 끝까지 가면 남아있는 가장 앞의 글자부터 다시 여섯 칸 뒤의 글자를 읽으면 된다.)

② 암호문을 같은 글자 수로 이루어진 몇 개의 모둠으로 나누어 각 모둠의 글자를 하나씩 차례대로 읽으면 해독할 수 있다. (이 경우에는 여섯 글자로 이루어진 세 개의 모둠으로 나누어 각 모둠의 첫 번째 글자만을 먼저 읽고, 그 다음에는 두 번째 글자, 세 번째 글자들을 차례대로 읽으면 된다.)

3. (예시 답안) 주어진 암호문을 몇 글자 간격으로 건너뛰어 읽어야 하는지 결정합니다. 두 칸 뒤의 글자, 세 칸 뒤의 글자, 네 칸 뒤의 글자를 읽었을 때에는 무슨 말인지 알 수 없는 내용이 나오지만 다섯 칸 뒤의 글자를 읽었을 때에는 '신은자연수'로 해석할 수 있는 내용이 나옵니다. 따라서 다음과 같이 다섯 개의 모둠으로 잘라서 다섯 칸 뒤의 글자를 차례대로 읽으면 암호문을 해독할 수 있습니다.

신를그것만/ 은만밖은 듯/ 자들의사것/ 연었모람이/ 수고든이다

	내용
각 모둠의 첫 번째 글자	신은자연수
각 모둠의 두 번째 글자	를만들었고
각 모둠의 세 번째 글자	그밖의모든
각 모둠의 네 번째 글자	것은사람이
각 모둠의 다섯 번째 글자	만든것이다

수학비밀02 시저 암호

1. 시저 암호의 키를 4로 하여 만든 암호문이므로 암호문을 만들 때는 원래 문자를 문자표에서 네 칸 뒤에 있는 문자로 바꾸었습니다. 따라서 암호문을 해독하려면 암호문의 문자를 문자표에서 네 칸 앞에 있는 문자로 바꾸어야 합니다. 평문과 암호문의 문자는 다음 표와 같이 짝지을 수 있습니다.

평문	ㄱ	ㄴ	ㄷ	ㄹ	ㅁ	ㅂ	ㅅ	ㅇ	ㅈ	ㅊ	ㅋ	ㅌ
암호문	ㅁ	ㅂ	ㅅ	ㅇ	ㅈ	ㅊ	ㅋ	ㅌ	ㅍ	ㅎ	ㅏ	ㅑ
평문	ㅍ	ㅎ	ㅏ	ㅑ	ㅓ	ㅕ	ㅗ	ㅛ	ㅜ	ㅠ	ㅡ	ㅣ
암호문	ㅓ	ㅕ	ㅗ	ㅛ	ㅜ	ㅠ	ㅡ	ㅣ	ㄱ	ㄴ	ㄷ	ㄹ

2. 각 문자를 일곱 칸 뒤에 있는 문자로 바꾸어 암호문을 만들면 됩니다. 평문과 암호문의 문자는 다음 표와 같이 짝지을 수 있습니다.

평문	ㄱ	ㄴ	ㄷ	ㄹ	ㅁ	ㅂ	ㅅ	ㅇ	ㅈ	ㅊ	ㅋ	ㅌ
암호문	ㅇ	ㅈ	ㅊ	ㅋ	ㅌ	ㅍ	ㅎ	ㅏ	ㅑ	ㅓ	ㅕ	ㅗ
평문	ㅍ	ㅎ	ㅏ	ㅑ	ㅓ	ㅕ	ㅗ	ㅛ	ㅜ	ㅠ	ㅡ	ㅣ
암호문	ㅛ	ㅜ	ㅠ	ㅡ	ㅣ	ㄱ	ㄴ	ㄷ	ㄹ	ㅁ	ㅂ	ㅅ

2 나누어떨어지는 수 탐구 36~45쪽

수학비밀 03 나누어떨어지는 수

1. 123, 249, 387, 459, 585, 639, 654, 777, 861
2. 124, 208, 388, 464, 548, 676

두 수 △, □가 있을 때 △가 □의 약수이면 □는 △의 배수이다. 예를 들면, 2.번 문제에서 '124, 208, 388, 464, 548, 676'은 4의 배수이고, 4는 '124, 208, 388, 464, 548, 676'의 약수이다.

3. (1) (예시 답안) 12, 24, 36, 48

(2) (예시 답안)

4의 배수	12, 24, 36, 48
6의 배수	12, 24, 36, 48
이유	4와 6이 12의 약수이므로 12의 배수인 수는 4의 배수도 되고 6의 배수도 된다. 즉 두 수 △, □가 있을 때 △가 □의 약수이면, □의 배수는 △의 배수도 된다.

4. (1) 1, 2, 3, 4, 6, 8, 12, 24

(2) 1부터 24까지의 자연수로 24를 나누었을 때, 나누어떨어지는 수를 모두 구한다.

24의 약수는 8개이다. 24에 어떤 자연수를 곱해도 24의 배수가 되므로 24의 배수는 무수히 많다.

수학비밀 04 2의 배수, 5의 배수

1. (1) 일의 자리 수가 0, 2, 4, 6, 8이다. (일의 자리의 수가 0 또는 짝수이다.)

(2) 일의 자리의 수가 0, 5이다.

직접 나누어보지 않아도 일의 자리의 수가 0, 2, 4, 6, 8이면 2로 나누어떨어지고, 일의 자리의 수가 0, 5이면 5로 나누어떨어질 것 같다.

2. (1) 0, 2, 4, 6, 8 (0 또는 짝수)

(2) 배수, 약수

3. 0, 5

(예시 답안) 십의 자리 이상의 수는 10의 배수이므로 10의 약수인 5의 배수이기도 하다. 그러므로 일의 자리의 수가 5의 배수이면 전체 수가 항상 5의 배수가 됨을 알 수 있다. 따라서 어떤 수가 5의 배수인지 알아보려면 그 수를 5로 나누어보지 않고 일의 자리의 수가 0, 5 중 하나인지 살펴보면 된다.

수학비밀 05 4의 배수, 8의 배수, 16의 배수

1. (1)

2의 배수이면서 4의 배수인 수	512, 976, 2120, 7640
2의 배수이지만 4의 배수가 아닌 수	222, 606, 710, 1498, 5142

(2) (예시 답안) 두 상자에 담긴 숫자 카드의 공통점은 일의 자리의 수가 0, 2, 4, 6, 8이라는 점이다. 차이점은 2의 배수이면서 4의 배수인 수는 끝의 두 자리 수가 4의 배수이고, 2의 배수이면서 4의 배수가 아닌 수는 끝의 두 자리 수가 2의 배수이지만 4의 배수는 아니라는 점이다. 100은 4의 배수이므로 백의 자리 이상의 수는 항상 4의 배수가 된다. 따라서 끝의 두 자리 수가 4의 배수이면 전체 수도 4의 배수가 됨을 알 수 있다.

(3) (예시 답안) 끝의 두 자리의 수가 00 또는 4의 배수인 수는 모두 4의 배수이다.

2. • 8의 배수 판정법: 끝의 세 자리의 수가 000 또는 8의 배수인 수는 모두 8의 배수이다.

• 16의 배수 판정법: 끝의 네 자리의 수가 0000 또는 16의 배수인 수는 모두 16의 배수이다.

3. 84901256은 8의 배수이다.
4. 1, 9

수학비밀 06 3의 배수, 9의 배수

1. (1) 채울 수 없다. 최대한 많이 채우면 한 칸을 남기고 채울 수 있다.

(2) 채울 수 없다. 가로 열 줄, 세로 열 줄의 퍼즐 판 두 개를 붙였다고 생각하면 최대한 많이 채우면 두 칸을 남기고 채울 수 있다.

(3) (예시 답안) 100칸 퍼즐 판을 9칸 조각으로 최대한 채우면 1칸을 남기고 채울 수 있었다. 따라서 100칸 퍼즐 판을 3, 4, 5, ……, 8개 붙였다고 생각하면 300, 400, 500, ……, 800을 9로 나눈 나머지는 각각 3, 4, 5, ……, 8이 된다.

(4) (예시 답안) 1000을 9로 나눈 나머지는 1이다. 따라서 (3)과 같이 생각하면 2000, 3000, ……, 8000을 9로 나눈 나머지는 각각 2, 3, ……, 8이 된다.

(5) (예시 답안) 87651을 9로 나눈 나머지는 80000을 9로 나눈 나머지, 7000을 9로 나눈 나머지, 600

을 9로 나눈 나머지, 50을 9로 나눈 나머지, 1을 9로 나눈 나머지의 합으로 구할 수 있다. 나머지들은 각 자리의 수와 같으므로 나머지들의 합은 $8+7+6+5+1=27$이고, 27은 9의 배수이므로 87651은 9의 배수가 된다.

2. 4

3. 2

(예시 답안) 9의 배수 판정법과 퍼즐 판을 생각해 보면 어떤 수의 각 자리 수를 모두 더한 값을 9로 나눈 나머지가 어떤 수를 9로 나눈 나머지와 같음을 알 수 있다. 따라서 1121231234를 9로 나눈 나머지는 $1+1+2+1+2+3+1+2+3+4=20$을 9로 나눈 나머지와 같으므로 2이다.

4. (예시 답안) 어떤 수의 각 자리 수를 더한 값이 3의 배수이면 어떤 수는 3의 배수이다.
퍼즐 판을 3칸 조각으로 채운다고 생각하면 해결할 수 있다. 9는 3의 배수이므로 9칸 조각으로 채웠던 만큼은 똑같이 채울 수 있으므로 남는 칸을 3칸 조각으로 채워보면 된다. 따라서 3의 배수를 판정하는 경우에는 어떤 수의 각 자리 수를 더한 값이 3의 배수가 되는지 확인해 보면 된다.

풀이

수학비밀 05 4의 배수, 8의 배수, 16의 배수

2. $1000=8\times125$이므로 1000은 8의 배수입니다. 따라서 천의 자리 이상의 수는 항상 8의 배수가 되므로 끝의 세 자리 수가 000 또는 8의 배수인 수는 모두 8의 배수가 됩니다. 마찬가지로 $10000=16\times625$이므로 10000은 16의 배수입니다. 따라서 만의 자리 이상의 수는 항상 16의 배수가 되므로 끝의 네 자리 수가 0000 또는 16의 배수인 수는 모두 16의 배수가 됩니다.

3. 8의 배수임을 판정하려면 끝의 세 자리의 수가 8의 배수인지 확인합니다. 끝의 세 자리의 수인 256을 8로 나눠보면 몫이 32이고 나머지가 0으로 나누어떨어지므로 256은 8의 배수입니다. 따라서 끝의 세 자리의 수가 8의 배수이므로 84901256은 8의 배수임을 알 수 있습니다.

4. □에 알맞은 수를 써서 3614165□2가 16의 배수가 되려면 끝의 네 자리 수인 65□2가 16의 배수가 되면 됩니다. 6512, 6592가 16의 배수이므로 □에는 1, 9를 써야 합니다.

수학비밀 06 3의 배수, 9의 배수

1. (5) 87651은 80000, 7000, 600, 50, 1의 합입니다. 이를 앞에서의 퍼즐 판으로 생각하면 87651칸 퍼즐 판을 9칸 조각으로 최대한 채우고 남는 칸이 87651을 9로 나눈 나머지입니다. 그런데 80000, 7000, 600, 50, 1칸 퍼즐 판은 각각 8, 7, 6, 5, 1칸을 남기고 채울 수 있습니다. 이제 남은 칸을 모아 보면 $8+7+6+5+1=27$입니다. 남은 27칸을 모아서 9칸 조각으로 채운다면 남은 조각이 없이 채울 수 있으므로 87651은 퍼즐 판을 적당하게 만들면 9칸 조각으로 가득 채울 수 있음을 알 수 있습니다.
이처럼 어떤 수를 일의 자리의 수와 10의 배수, 100의 배수, 1000의 배수, ……의 합으로 나타낸다면 그 수를 9로 나눈 나머지는 각각의 수를 9로 나눈 나머지로부터 구할 수 있습니다. 그런데 각각의 수를 9로 나눈 나머지는 (3), (4)에서 살펴보았듯이 원래 수의 각 자리 수와 같습니다. 결국 어떤 수가 9의 배수인지 확인하려면 그 수의 각 자리 수를 모두 더하고 그 더한 값이 9의 배수인지 살펴보면 됩니다.

2. 각 자리의 수를 모두 더한 값이 9의 배수가 되어야 하므로 1+3+5+7+□+7+5+3+1=32+□가 9의 배수가 되어야 합니다. 따라서 □에는 4가 들어가야 합니다.

③ 약수와 배수의 활용 46~55쪽

수학비밀 07 약수가 두 개인 수

1.

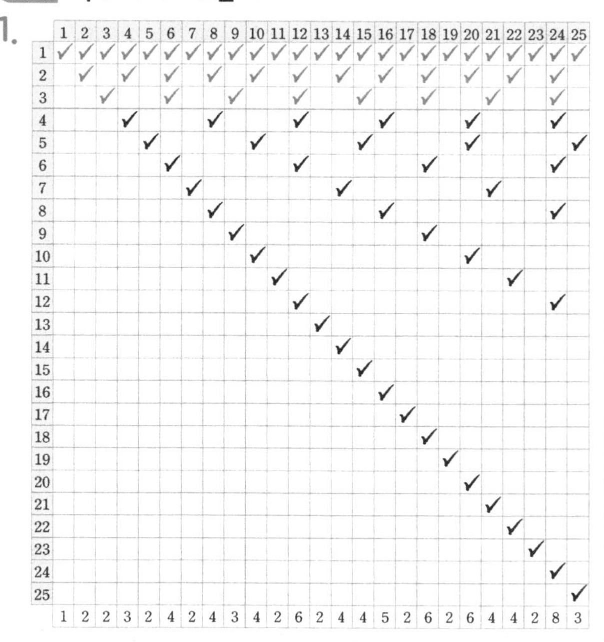

	1	2	3	4	5	6	7	8	9	10	11	12	13	14	15	16	17	18	19	20	21	22	23	24	25
1	✓	✓	✓	✓	✓	✓	✓	✓	✓	✓	✓	✓	✓	✓	✓	✓	✓	✓	✓	✓	✓	✓	✓	✓	✓
2		✓		✓		✓		✓		✓		✓		✓		✓		✓		✓		✓		✓	
3			✓			✓			✓			✓			✓			✓			✓			✓	
4				✓				✓				✓				✓				✓				✓	
5					✓					✓					✓					✓					✓
6						✓						✓						✓						✓	
7							✓							✓							✓				
8								✓								✓								✓	
9									✓									✓							
10										✓										✓					
11											✓											✓			
12												✓												✓	
13													✓												
14														✓											
15															✓										
16																✓									
17																	✓								
18																		✓							
19																			✓						
20																				✓					
21																					✓				
22																						✓			
23																							✓		
24																								✓	
25																									✓
	1	2	2	3	2	4	2	4	3	4	2	6	2	4	4	5	2	6	2	6	4	4	2	8	3

가장 아래 줄에 적은 수는 그 칸의 맨 위 쪽에 있는 수의 약수의 개수이다. (1은 모든 수의 약수이다. 큰 수라고 약수의 개수가 더 많은 것은 아니다. 등)

2. 짝수의 약수는 홀수일 수도 있다. 예를 들어 3은 6의 약수이다. 하지만 홀수의 약수는 모두 홀수이다.

3. 표에서 약수의 개수가 홀수 개인 수는 1, 4, 9, 16, 25이다. 이 수들은 모두 제곱수라는 공통점이 있다.

4. 2, 3, 5, 7, 11, 13, 17, 19, 23

(예시 답안) 100보다 작은 수의 약수들을 모두 구해 본다. 1.과 같은 표를 100까지 그려서 약수의 개수가 두 개인 수를 모두 찾는다.

수학비밀 08 소수를 찾아라

1. 2, 3, 5, 7, 11, 13, 17, 19, 23, 29, 31, 37, 41, 43, 47, 53, 59, 61, 67, 71, 73, 79, 83, 89, 97

2. 25개

(예시 답안) 100개 중 25개가 소수이므로 4개 중에 하나 꼴로 소수이다.
7 이하의 수에 네 개의 소수가 집중되어 있다.
갈수록 소수가 드물게 나오는 것 같지만 71, 73은 하나만 건너뛰고 소수가 나오고 있는 등, 분포에서 특별한 규칙을 찾기는 어렵다.

수학비밀 09 소인수분해

1. (1) (예시 답안) 2×30, 3×20, 4×15 등
(2) (예시 답안) $2\times2\times15$, $2\times3\times10$, $3\times4\times5$ 등
(3) $2\times2\times3\times5$

4개, 2, 3, 5는 모두 소수이다.

2. (1) $2\times2\times2\times3\times3$
(2) $2\times5\times11$
(3) $2\times2\times2\times2\times3\times5$
(4) $2\times2\times3\times3\times17$

곱한 순서는 다른 경우가 있지만, 모든 결과가 같은 소수를 같은 개수만큼 곱한 것이었다. 즉, 순서를 생각하지 않으면 모두 같은 결과가 나왔다.

수학비밀 10 연속한 수의 곱셈

1. 6, 110, 56, 420
(예시 답안) 연속한 두 자연수의 곱은 항상 2의 배수라고 할 수 있다. 연속한 두 자연수는 언제나 하나는 짝수, 하나는 홀수이기 때문에 두 수를 곱하면 항상 2의 배수가 된다.

2. (1) 24, 1320, 210, 3360
(2) (예시 답안) 연속한 세 자연수의 곱은 항상 6의 배수라고 할 수 있다. 연속한 세 자연수에는 짝수가 언제나 하나 포함되고, 또 3의 배수도 언제나 하나 포함되기 때문에 항상 $2\times3=6$의 배수가 된다.

3. (1) (예시 답안) 연속한 네 자연수에는 3의 배수가 적어도 하나 포함되어 있다. 연속한 네 자연수에는 2의 배수와 4의 배수가 적어도 하나씩 포함되어 있다.
(2) (예시 답안) 연속한 네 자연수의 곱은 항상 24의 배수이다. 연속한 네 자연수에는 2의 배수, 3의 배수, 4의 배수가 각각 하나씩 포함되어 있으므로 연속한 네 자연수의 곱은 항상 $2\times3\times4=24$의 배수이다.

수학비밀 11 0의 개수

1. 2와 5 (또는 4와 5)
2. 2개
3. (예시 답안) 2와 5가 몇 번 곱해져 있는지를 확인해 보면 된다. 10이 곱해진 수만큼 오른쪽 끝에 연속해서 0이 나오므로, 2와 5가 곱해진 수를 확인하면 둘 중 더 조금 나온 수만큼 0이 나오게 된다.
4. 12개

풀이

수학비밀08 소수를 찾아라

1.

~~1~~	(2)	(3)	~~4~~	(5)	~~6~~	(7)	~~8~~	~~9~~	~~10~~
(11)	~~12~~	(13)	~~14~~	~~15~~	~~16~~	(17)	~~18~~	(19)	~~20~~
~~21~~	~~22~~	(23)	~~24~~	~~25~~	~~26~~	~~27~~	~~28~~	(29)	~~30~~
(31)	~~32~~	~~33~~	~~34~~	~~35~~	~~36~~	(37)	~~38~~	~~39~~	~~40~~
(41)	~~42~~	(43)	~~44~~	~~45~~	~~46~~	(47)	~~48~~	~~49~~	~~50~~
~~51~~	~~52~~	(53)	~~54~~	~~55~~	~~56~~	~~57~~	~~58~~	(59)	~~60~~
(61)	~~62~~	~~63~~	~~64~~	~~65~~	~~66~~	(67)	~~68~~	~~69~~	~~70~~
(71)	~~72~~	(73)	~~74~~	~~75~~	~~76~~	~~77~~	~~78~~	(79)	~~80~~
~~81~~	~~82~~	(83)	~~84~~	~~85~~	~~86~~	~~87~~	~~88~~	(89)	~~90~~
~~91~~	~~92~~	~~93~~	~~94~~	~~95~~	~~96~~	(97)	~~98~~	~~99~~	~~100~~

수학비밀11 0의 개수

3. 2의 배수와 5의 배수의 개수를 확인하는 것이 아니라, 2와 5가 몇 번 곱해졌는지를 확인하여야 합니다. 예를 들어, 25는 5를 2번 곱한 것이므로 개수를 두 번 더하여야 합니다.

4. 1부터 50까지의 자연수에는 5의 배수가 5, 10, 15, 20, 25, 30, 35, 40, 45, 50의 10개가 있습니다. 이 중 25, 50은 둘 다 $25=5\times5$의 배수이므로 1부터 50까지의 자연수를 모두 곱하면 5가 12번 곱해지게 됩니다.

또, 1부터 50까지의 짝수가 25개이므로 1부터 50까지의 자연수를 모두 곱하면 2가 적어도 25번 곱해지게 됩니다. 따라서 1부터 50까지의 자연수를 모두 곱하면 10을 12번 곱하게 되므로 오른쪽 끝에 연속해서 12개의 0이 나오게 됩니다.

4 최대공약수와 최소공배수 탐구 56~65쪽

수학비밀12 뻐꾸기의 노래

1. (1)

(2) 7시 18분, 7시 36분, 7시 54분

18분마다 뻐꾸기 인형의 노래를 들을 수 있다.

(3) 10번

2. (1)

(2) 8시 12분

(3) 20번

3.

6의 배수	6, 12, 18, 24, 30, 36
9의 배수	9, 18, 27, 36, 45, 54
12의 배수	12, 24, 36, 48, 60, 72

4. 18

5. 36

두 수의 경우와 세 수의 경우 모두 같은 방식으로 구할 수 있다. 최소공배수를 구하려는 수들의 배수들을 충분히 쓴 후에, 두 수 혹은 세 수의 공통의 배수 중에 가장 작은 수를 찾으면 된다.

6. 6, 9의 공배수는 모두 6, 9의 최소공배수의 배수이다. 따라서 6, 9의 최소공배수를 구한 다음에 그 수의 배수를 구하면 6, 9의 공배수를 구할 수 있다. 최소공배수는 공배수 중에 가장 작은 수이고, 모든 공배수는 최소공배수의 배수이다.

수학비밀13 간식 나누기

1. (1)

사람(명)	초콜릿(개)	사탕(개)
1	24	36
2	12	18
3	8	12
4	6	9
6	4	6
12	2	3

24의 약수이기도 하고, 36의 약수이기도 하다.

(2) 12명

2.

24의 약수	1, 2, 3, 4, 6, 8, 12, 24
36의 약수	1, 2, 3, 4, 6, 9, 12, 18, 36

3. 12

최대공약수는 두 수의 공통의 약수 중에 가장 큰 수이다. 따라서 두 수의 최대공약수를 구하려면

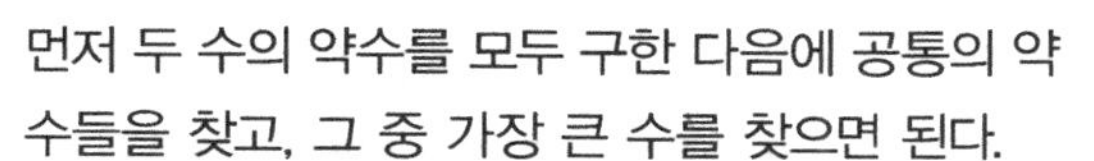

먼저 두 수의 약수를 모두 구한 다음에 공통의 약수들을 찾고, 그 중 가장 큰 수를 찾으면 된다.

4. 24, 36의 공약수는 모두 24, 36의 최대공약수의 약수이다. 따라서 24, 36의 최대공약수를 구한 다음에 그 수의 약수들을 구하면 24, 36의 공약수를 모두 구할 수 있다. 최대공약수는 공약수 중에 가장 큰 수이고, 모든 공약수는 최대공약수의 약수이다.

수학비밀 14 최대공약수, 최소공배수 구하기

1. (1) $12=2\times2\times3$, $48=2\times2\times2\times2\times3$, $60=2\times2\times3\times5$

48과 60를 소인수분해한 결과에 공통으로 포함되어 있는 소수들의 곱이 12의 소인수분해 결과이다. 같은 소수가 여러 번 포함된 경우에는, 48과 60에 각각 포함된 수 중 더 적은 쪽만큼 곱해주면 된다.

(2) 두 수를 소인수분해하여 공통으로 포함된 소수를 모두 곱한 값이 최대공약수이다.

2. (1) $48=2\times2\times2\times2\times3$, $60=2\times2\times3\times5$, $240=2\times2\times2\times2\times3\times5$

(2) 48과 60를 소인수분해한 결과에 포함되어 있는 모든 소수들의 곱이 240의 소인수분해 결과이다. 같은 소수가 여러 번 포함된 경우에는, 48과 60에 각각 포함된 수 중 더 많은 쪽만큼 곱해주면 된다. 즉, 두 수를 소인수분해하여 공통으로 포함된 소수와 어느 한 쪽에만 포함된 소수를 모두 곱한 값이 최소공배수이다.

3. (1) (예시 답안) 48과 60을 나눈 공약수 2, 2, 3을 곱하면 최대공약수 12를 구할 수 있다.

(2) (예시 답안) 48과 60을 나눈 공약수 2, 2, 3과 최종 결과인 4, 5를 모두 곱하면 최소공배수 240을 구할 수 있다.

수학비밀 15 최대공약수, 최소공배수 활용

1. (1) 60 cm

(2) 가로 10개, 세로 12개, 높이 15개

2. 30 cm

풀이

수학비밀 12 뻐꾸기의 노래

1. (3) 18분마다 노래하는 뻐꾸기 인형이 7시 54분에 노래하였으므로 8시 이후에는 8시 12분에 처음으로 노래를 하고 $18\times9=162$분 후인 10시 54분에 또 노래를 합니다. 따라서 8시부터 11시까지 뻐꾸기 인형은 10번 노래를 합니다.

2. (3) 뻐꾸기 인형이 36분마다 노래를 하므로 12시간 동안에는 $(12\times60)\div36=20$(번) 노래를 합니다. 오전 8시와 오후 8시에는 노래를 하지 않으므로 오전 8시부터 오후 8시까지는 모두 20번 노래를 합니다.

수학비밀 14 최대공약수, 최소공배수 구하기

1. (2) 예를 들어, 다음과 같은 방법으로 48과 60의 최대공약수를 구할 수 있습니다.

$$\begin{array}{l} 48=2\times2\times2\times2\times3 \\ 60=2\times2\qquad\quad\ \times3\times5 \\ \hline \quad\ \ 2\times2\qquad\quad\ \times3 \end{array}$$

48과 60의 최대공약수는 $2\times2\times3=12$입니다.

2. (2) 예를 들어, 다음과 같은 방법으로 48과 60의 최소공배수를 구할 수 있습니다.

$$\begin{array}{l} 48=2\times2\times2\times2\times3 \\ 60=2\times2\qquad\quad\ \times3\times5 \\ \hline \quad\ \ 2\times2\times2\times2\times3\times5 \end{array}$$

48과 60의 최소공배수는 $2\times2\times2\times2\times3\times5=240$입니다.

수학비밀 15 최대공약수, 최소공배수 활용

1. (1) 만들 수 있는 가장 작은 정육면체의 한 모서리의 길이는 나무 도막의 세 모서리의 길이인 4, 5, 6의 최소공배수입니다. 따라서 만들 수 있는 가장 작은 정육면체의 한 모서리의 길이는 60 cm입니다.

(2) 한 모서리의 길이가 60 cm인 정육면체를 만들기 위해서는 주어진 나무 도막을 가로로 10개$(6\times10=60)$, 세로로 12개$(5\times12=60)$, 높이로 15개$(4\times15=60)$를 쌓아야 합니다.

2. 정사각형으로 빈틈없이 자르기 위해서는 정사각형의 한 변의 길이가 450의 약수이면서 210의 약수여야 합니다. 따라서 가장 큰 정사각형으로 자르면 정사각형의 한 변의 길이는 450과 210의 최대공약수가 됩니다. 450과 210의 최대공약수가 30이므로 가장 큰 정사각형의 한 변의 길이는 30 cm입니다.

⑤ 도형의 넓이 탐구 66~71쪽

수학비밀 16 사각형의 넓이

1. (1) 가: 20 cm^2, 나: 12 cm^2, 다: 20 cm^2, 라: 12 cm^2
   모든 칸을 직접 세어서 넓이를 구한다.
   (2) 도형을 잘라서 직사각형 모양을 만들고, 직사각형 넓이 구하는 방법으로 구한다.
2. (1) (예시 답안)

사각형의 이름	특징
㉮ 평행사변형	마주 보는 두 쌍의 변이 서로 평행이다.
㉯ 사다리꼴	마주 보는 한 쌍의 변이 평행이다.
㉰ 마름모	네 변의 길이가 모두 같다. 마주 보는 두 쌍의 변이 서로 평행이다. 두 대각선이 서로 직각으로 만난다.

(2)

사각형의 이름	넓이 구하는 방법	넓이
㉮ 평행사변형	(평행사변형의 넓이) =(밑변)×(높이) =6×4	24 cm^2
㉯ 사다리꼴	(사다리꼴의 넓이) ={(윗변)+(아랫변)}×(높이)÷2 =(8+4)×5÷2	30 cm^2
㉰ 마름모	(마름모의 넓이) =(한 대각선)×(다른 대각선)÷2 =8×4÷2	16 cm^2

수학비밀 17 삼각형의 넓이

1. (㉮의 넓이)=(직사각형의 넓이)÷2
   =8×6÷2=48÷2=24 (cm^2)
   (㉯의 넓이)=(직사각형의 넓이)÷2
   =8×5÷2=40÷2=20 (cm^2)
   (㉰의 넓이)=(평행사변형의 넓이)÷2
   =6×7÷2=42÷2=21 (cm^2)
2. (예시 답안)

가 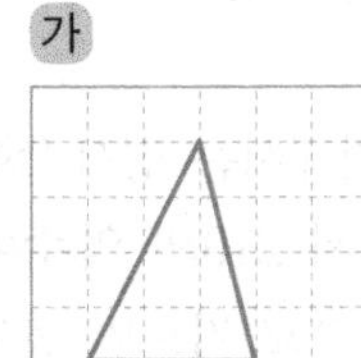
나 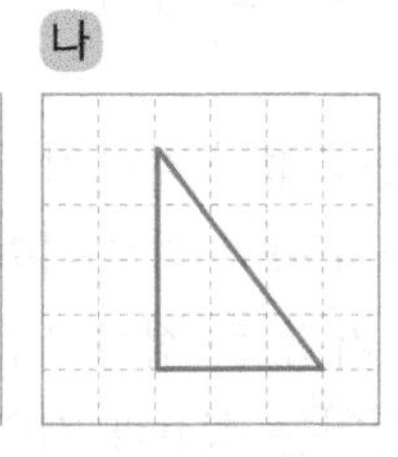
다 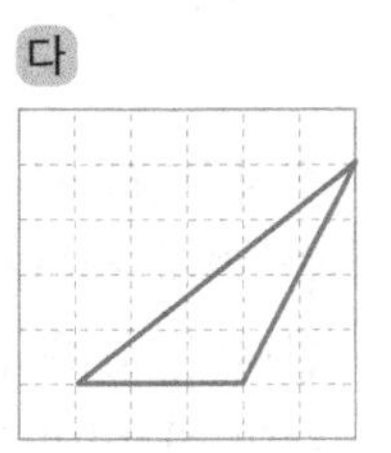

	밑변	높이	넓이
㉮	3	4	6
㉯	3	4	6
㉰	3	4	6

넓이 구하는 방법
(삼각형의 넓이)=(밑변)×(높이)÷2

설명의 창

1. 밑변, 높이
2. 윗변, 아랫변, 높이
3. 한 대각선, 다른 대각선
4. 밑변, 높이

수학비밀 18 넓이 구하기

1. (1) 84 cm^2
   (2) 47 cm^2
2. 58 cm^2

풀이

수학비밀 17 삼각형의 넓이

1. ㉰의 경우는 평행사변형 모양으로 만들면 됩니다.

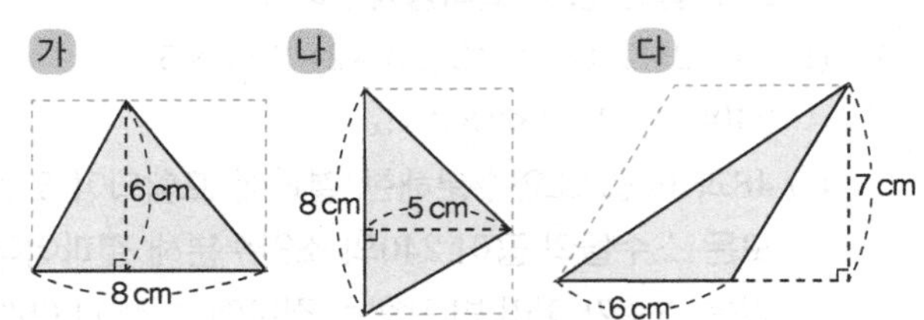

수학비밀 18 넓이 구하기

1. (1) (도형의 넓이)=(사다리꼴의 넓이)
   =(6+8)×12÷2=84 (cm^2)

   (2) (도형의 넓이)=(큰 삼각형의 넓이)−(작은 삼각형의 넓이)
   =(10×13÷2)−(9×4÷2)
   =65−18=47 (cm^2)

2. 도형의 넓이를 직사각형 1개와 삼각형 2개로 나누어 구합니다.

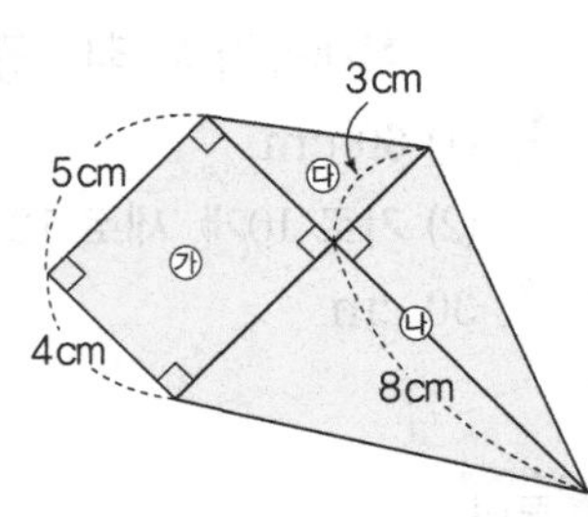

(주어진 도형의 넓이)
=(직사각형 ㉮의 넓이)
+ (삼각형 ㉯의 넓이)
+ (삼각형 ㉰의 넓이)
=(5×4)+{(5+3)×8÷2}+(4×3÷2)
=20+32+6
=58 (cm^2)

⑥ 둘레와 넓이의 관계 탐구 72~75쪽

수학비밀19 길이의 증가와 넓이의 증가 관계

1. (1)

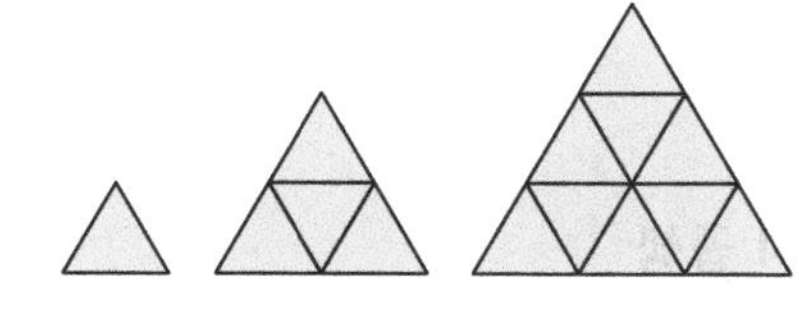

(2)

정삼각형의 변의 길이(배)	1	2	3
정삼각형의 둘레의 길이(배)	1	2	3
정삼각형의 넓이(배)	1	4	9

2. (1)

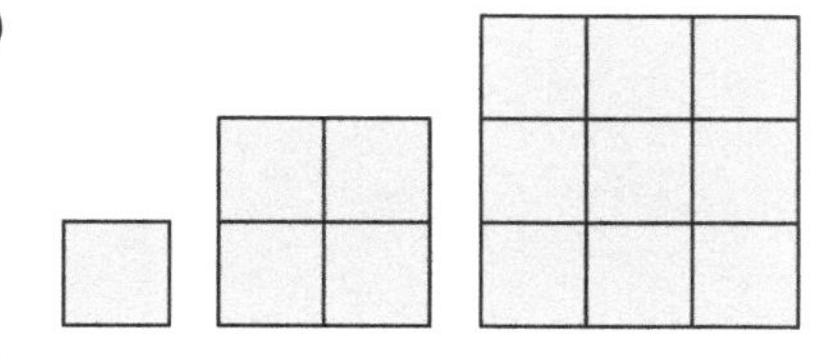

(2)

정사각형의 변의 길이(배)	1	2	3
정사각형의 둘레의 길이(배)	1	2	3
정사각형의 넓이(배)	1	4	9

둘레의 길이는 4배 증가하고, 넓이는 16배 증가할 것이다.

3. (1) (예시 답안) 가고 싶은 나라: 유럽

→ (평행사변형의 넓이)$=6\times8=48$ (cm^2)

(2) (예시 답안) 가고 싶은 나라: 유럽

→ (평행사변형의 넓이)$=6\times8=48$ (cm^2)

→ (한 변의 길이를 $\frac{1}{2}$배 줄인 도형의 넓이)

$=3\times4=12$ (cm^2)

한변의 길이가 $\frac{1}{2}$배 줄어들면 넓이는 $\frac{1}{4}$배 줄어드는 것을 알 수 있습니다.

⑦ 도형 나누기 76~83쪽

수학비밀20 정사각형 만들기

1. (1) (예시 답안)

(2) (예시 답안)

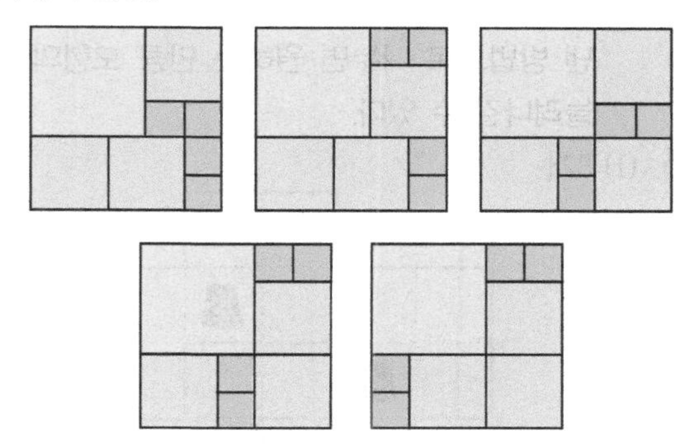

9 cm^{2}인 정사각형 1개, 4 cm^{2}인 정사각형 3개, 1 cm^{2}인 정사각형 4개, 총 8개를 사용하면 정사각형을 만들 수 있다.

2. (1) 9 cm

(2) (예시 답안)

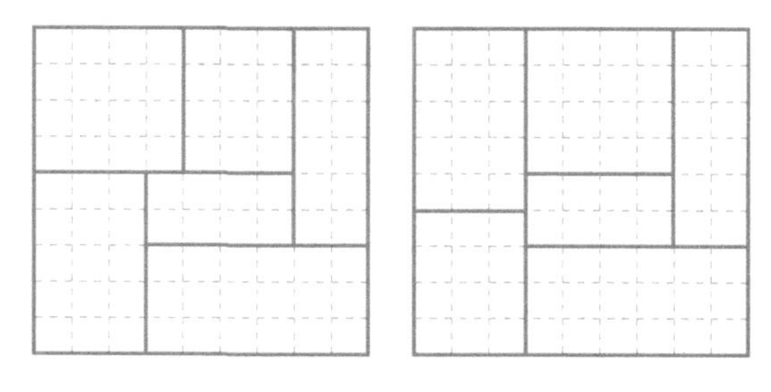

수학비밀21 도형의 재단

1. (1) (예시 답안)

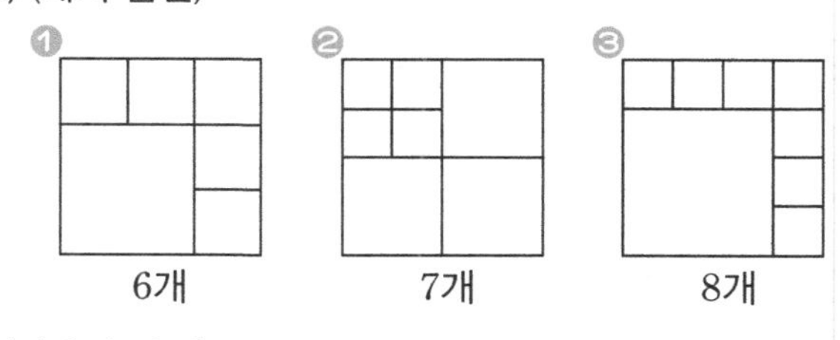

(2) (예시 답안)

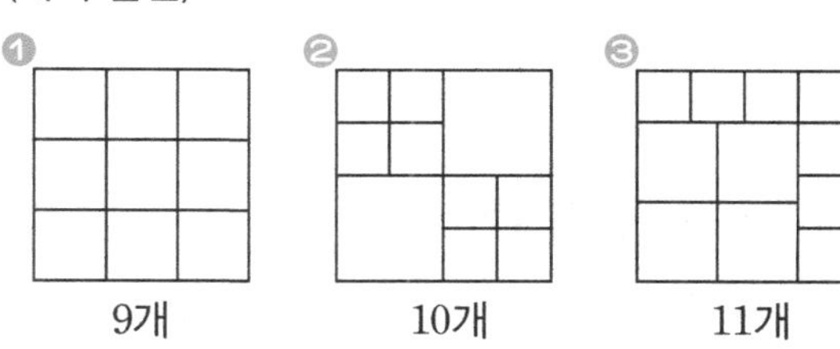

2. (예시 답안)

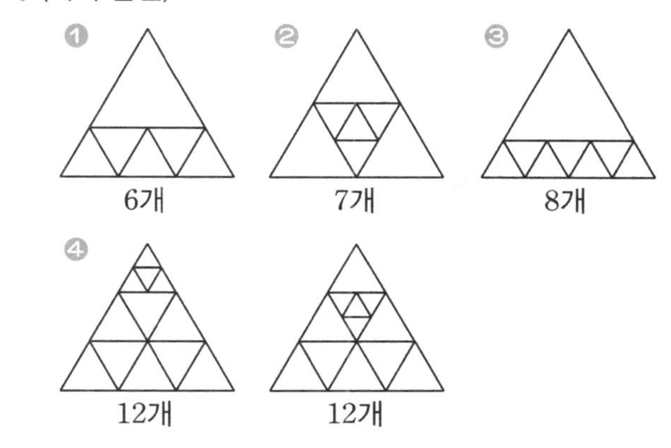

이미 나누어진 도형의 한 부분을 다시 이미 찾아낸 방법으로 나누면 원하는 만큼 도형의 개수를 늘려나갈 수 있다.

3. (1) 3개

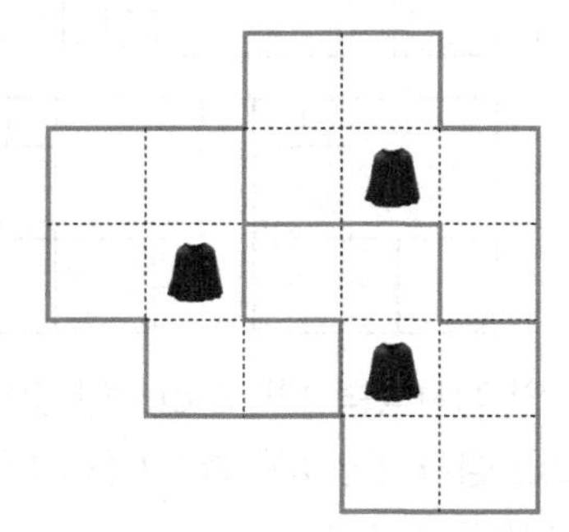

(2) 4개

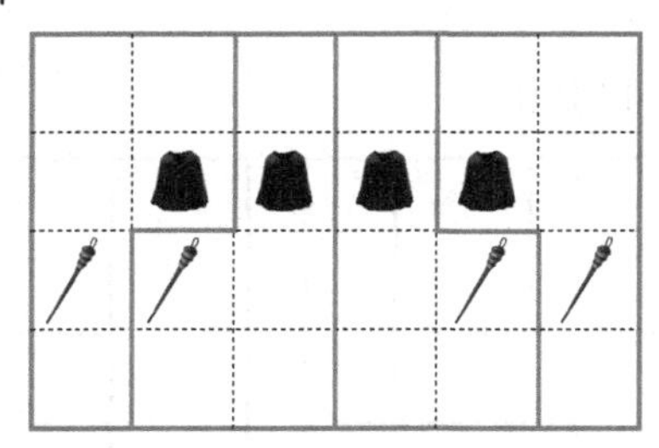

(3) 4개

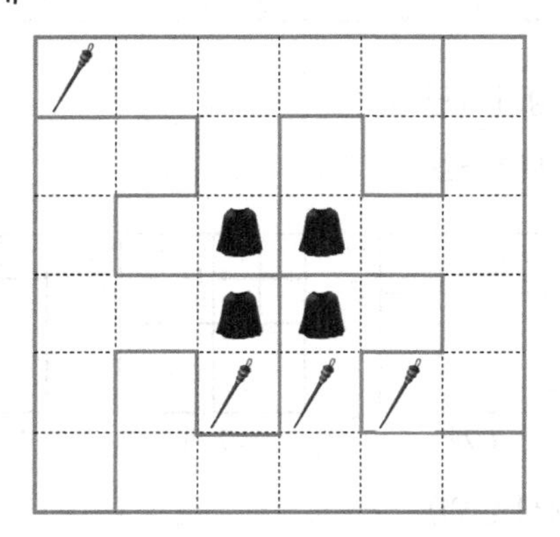

(3) $\frac{29}{54}$

통분한 후에 분자끼리 더하거나 빼면 된다.

2. 28골

공약수, 1, 분모

수학비밀23 분수의 곱셈

1. (1) $\frac{1}{3}$

(2) 60000원

분모끼리 곱한 수를 분모로, 분자끼리 곱한 수를 분자로 하면 된다.

2. (1) $\frac{8}{5}$

(2) $\frac{7}{20}$

(3) 1

앞의 두 분수를 곱하고, 그 결과와 마지막 분수를 곱한다.
세 분수를 한 번에 곱하는 것으로 생각하여 세 분수에 대해 한 번에 약분을 해서 결과를 구한다.
등

풀이

수학비밀20 정사각형 만들기

2. (1) 6개의 직사각형의 넓이의 합이 15+16+8+18+12+12=81 (cm^2)이므로 정사각형 한 변의 길이를 9 cm로 해야 합니다.

8 분수의 계산 84~87쪽

수학비밀22 분수의 덧셈과 뺄셈

1. (1) 네 분수를 통분하여 분자의 크기를 비교하면 보물의 양을 비교할 수 있다.

(2) $\left(\frac{5}{18}, \frac{7}{27}, \frac{13}{54}, \frac{2}{9}\right)$

풀이

수학비밀22 분수의 덧셈과 뺄셈

1. (2) $\frac{7}{27}=\frac{14}{54}$, $\frac{2}{9}=\frac{12}{54}$, $\frac{13}{54}$, $\frac{5}{18}=\frac{15}{54}$

(3) $\frac{5}{18}+\frac{7}{27}=\frac{15}{54}+\frac{14}{54}=\frac{29}{54}$

2. 1986년, 1994년~2002년까지 네 번의 월드컵에서 대한민국은 지금까지 기록한 골의 $\frac{3}{21}+\frac{1}{2}=\frac{1}{7}+\frac{1}{2}=\frac{2}{14}+\frac{7}{14}=\frac{9}{14}$를 기록하였고, 나머지 1990년, 2006년, 2010년에 기록한 골을 모두 합치면 10골입니다. 10골이 지금까지 기록한 골의 $1-\frac{9}{14}=\frac{5}{14}$이므로 $\frac{1}{14}$은 2골입니다. 따라서 지금까지 기록한 골은 모두 28골입니다.

수학비밀23 분수의 곱셈

1. (1) 처음 모은 돈을 1이라고 하면,
영화를 보고 팝콘을 사는 데 쓴 돈 :
$\frac{1}{3}+\frac{1}{12}=\frac{4}{12}+\frac{1}{12}=\frac{5}{12}$

햄버거를 먹는 데 쓴 돈 :

$\left(1-\frac{5}{12}\right)\times\frac{3}{7}=\frac{7}{12}\times\frac{3}{7}=\frac{1}{4}$

햄버거를 먹고 남은 돈 :

$\frac{7}{12}-\frac{1}{4}=\frac{7}{12}-\frac{3}{12}=\frac{1}{3}$

(2) 교통비로 2000원을 쓰고 남은 돈을 세 명이 처음 돈의 $\frac{1}{10}$씩 가지게 되었으므로, 2000원은 처음 모은 돈의 $\frac{1}{3}-\frac{1}{10}\times3=\frac{1}{30}$입니다. 따라서 처음 모은 돈은 60000원입니다.

9 소수의 곱셈과 나눗셈 88~91쪽

수학비밀24 소수의 곱셈

1. (1) $\frac{39}{5}$(=7.8)

(2) $\frac{7}{25}$(=0.28)

2. (1) 0.15

(2) 0.015

(3) 0.015

(4) 0.15

두 소수의 곱을 할 때 두 소수의 소수점을 없애서 두 자연수의 곱을 한 후에, 원래 각각의 소수의 소수점 아래에 있는 숫자의 개수를 더해서 자연수의 곱의 결과에서 그 만큼의 숫자가 소수점 아래에 오도록 소수점의 자리를 정한다. 예를 들면 0.4×0.02를 계산할 때 4×2를 계산한 8에, 소수점 아래에 숫자 세 개가 오도록 0.008로 소수점의 자리를 정해주면 된다.

3. (1) 2.28

(2) 3.12

4. (1) $\frac{21}{125}$(=0.168)

(2) $\frac{61}{45}$

수학비밀25 소수의 나눗셈

1. (예시 답안)

방법 1)은 소수를 분수로 바꿔서 계산한 것입니다.

방법 2)는 분모와 분자가 소수인 분수 꼴로 나타낸 후에, 분모와 분자가 모두 자연수가 되도록 분모, 분자에 적당한 같은 수를 곱해서 계산한 것입니다.

방법 3)은 두 소수의 소수점을 똑같이 옮겨 계산한 것입니다.

2. (1) $\frac{33}{10}$(=3.3)

(2) $\frac{92}{15}$

3. (1) 몫 3, 나머지 0.64

(2) 몫 5, 나머지 2.12

풀이

수학비밀25 소수의 나눗셈

3. (1) 5.1×3=15.3이므로 15.94를 5.1로 나눈 자연수 몫은 3이고 나머지는 15.94−5.1×3=0.64입니다.

(2) 8.6×5=43이므로 45.12를 8.6으로 나눈 자연수 몫은 5이고 나머지는 45.12−43=2.12입니다.

10 짝수와 홀수 탐구 92~99쪽

수학비밀26 짝수와 홀수의 성질

1. (1) 짝수 (2) 짝수 (3) 홀수

(4) 홀수 (5) 짝수 (6) 홀수

(7) 짝수 (8) 홀수 (9) 짝수

(10) 짝수

2. (1) 짝수 (2) 홀수 (3) 짝수

(4) 짝수 (5) 짝수 (6) 홀수

(7) 짝수 (8) 짝수

3. (1) 짝수 또는 홀수

(2) 짝수

4. 불가능하다.

주어진 13개의 수는 모두 홀수이다. 홀수개의 홀수의 합은 홀수이므로 30(짝수)을 만들 수 없다.

수학비밀27 생활 속의 짝수와 홀수

1. (1) (창의 2점, 지혜 0점), (창의 1점, 지혜 1점), (창의 0점, 지혜 2점)

어떤 경우에도 두 사람이 얻는 점수의 합은 2점이므로 짝수이다.

(2)

점수 가능 여부	점수를 얻을 수 있는 방법 또는 점수를 얻을 수 없는 이유
(◎, ×)	영재(승) — 창의(패) 지혜(승) — 영재(패) 지혜(무) — 창의(무) 와 같은 경우이면 창의, 영재, 지혜의 점수가 각각 1, 2, 3점이 된다.

②

점수 가능 여부	점수를 얻을 수 있는 방법 또는 점수를 얻을 수 없는 이유
(○, ⊗)	한 번의 가위바위보에서 각 사람에게 더해지는 점수들의 합은 항상 2점이다. 그러므로 각각의 점수의 총합이 항상 짝수이어야 한다. 그런데 1, 2, 2점의 합이 5점(홀수)이므로 불가능하다.

2. (1) 한 경기를 할 때 두 팀이 시합을 하게 되므로 각 팀의 경기 수를 모두 더하면 반드시 짝수이고, 짝수 번 시합한 팀들의 경기 수를 모두 더하면 항상 짝수이다. 그러므로 홀수 번 시합한 팀들의 경기 수를 모두 더하면 짝수가 되어야 한다. 홀수들을 홀수 번 더하면 홀수가 되므로 짝수가 되기 위해서는 홀수를 짝수 번 더해야 한다. 따라서 홀수 번 시합한 팀의 개수는 항상 짝수 개라고 할 수 있다.
(2) 두 사람이 악수를 하므로 각 사람이 악수를 한 횟수를 모두 더하면 짝수이다. 만약 25명이 모두 홀수 번 악수를 하였다면 각 사람이 악수를 한 횟수를 모두 더하면 홀수가 되므로 불가능한 경우가 생긴다. 따라서 짝수 번 악수를 한 사람은 반드시 존재한다.

3. (1) 만들 수 없다.
홀수를 짝수 개 더하면 짝수가 되므로 25원(홀수)을 만들 수 없다.
(2) 불가능하다.

풀이

수학비밀26 짝수와 홀수의 성질

2. (1) 짝수들의 합은 짝수입니다.
(2) 홀수가 11개 있으므로 홀수 개의 홀수의 합은 홀수입니다.
(3) 짝수를 제외하면 홀수는 짝수 개 있습니다. 짝수의 합은 짝수이고, 짝수 개의 홀수의 합은 짝수이므로 계산 결과는 짝수입니다.
(4) (3)에서 짝수의 부호만 바꾼 것입니다. 수의 성질은 변하지 않으므로 계산 결과는 짝수입니다.
(5) 곱셈에서 짝수가 한 개만 있어도 계산 결과는 짝수입니다.
(6) 홀수들만의 곱은 홀수입니다.
(7) 짝수가 50개, 홀수가 50개이므로 전체의 합은 짝수입니다.
(8) 짝수가 1005개, 홀수가 1006개입니다. 홀수의 개수가 짝수이므로 합은 짝수입니다.

3. (1) 연속한 세 자연수의 합은 다음과 같이 두 가지 경우로 나누어 생각할 수 있습니다. 세 자연수 중 홀수와 짝수의 개수에 따라 그 결과는 짝수 또는 홀수가 됩니다.
① $1+2+3$, $3+4+5$, …… 등과 같이 홀수가 2개, 짝수가 1개 있는 경우: 홀수 2개의 합은 짝수가 되고, 여기에 다시 짝수를 더하면 짝수가 됩니다.
② $2+3+4$, $4+5+6$, …… 등과 같이 홀수가 1개, 짝수가 2개 있는 경우: 짝수 2개의 합은 짝수가 되고, 여기에 다시 홀수를 더하면 홀수가 됩니다.
(2) 연속한 세 자연수에는 반드시 한 개 이상의 짝수가 존재합니다. 곱셈에서 짝수가 한 개만 있어도 계산결과는 짝수가 됩니다.

수학비밀27 생활 속의 짝수와 홀수

3. (2) 한 페이지의 앞면과 뒷면에 적혀 있는 수를 더하면 홀수가 되기 때문에 25개의 홀수를 더해도 홀수밖에 되지 않습니다. 그러므로 더한 값이 1990(짝수)이 될 수 없습니다.

11 짝수와 홀수의 응용 100~107쪽

수학비밀28 변하지 않는 짝수, 홀수

1. 10
2. (1) 2 (2) 4 (3) 8 (4) 6
$1+2+4-3$은 6이 작아지고, $1+2+3-4$는 8이 작아진다. 빼는 수의 2배만큼이 전체의 합에서 작아지게 된다.
3. 짝수이다.
전체의 합이 10(짝수)이고, 빼는 수의 2배씩 작아지게 되므로 $10-$(빼는 수의 2배) 즉, (짝수)$-$(짝수)의 계산으로 계산 결과는 항상 짝수이다.

수학비밀29 동전 옮기기와 컵 뒤집기

1. (1) 가능하다.
(2) 불가능하다.
홀수 개
2. (1) 불가능하다.
(2) 불가능하다.

(3) 가능하다.

수학비밀30 마지막에 남는 모양

1. (1) ♠ 한 장 감소

(2) ♠ 한 장 감소, ♥ 변동 없음

(3) ♥ 두 장 감소, ♠ 한 장 증가

♥의 짝수, 홀수의 개수가 변하지 않는다는 것을 알 수 있다.

2. ♠

3. ♥

수학비밀31 좌석 옮기기

1. 옮겨 앉을 수 없다.

2. (1)

n	n×n
홀수	홀수
짝수	짝수

(2) 짝수

n이 홀수이면 n×n도 홀수이다. 그러면 1번과 마찬가지로 ○자리와 ╳자리의 개수가 달라지기 때문에 n이 홀수일 때는 옮겨 앉을 수 없다.

풀이

수학비밀29 동전 옮기기와 컵 뒤집기

1. (1) 동전 한 개는 시계 방향으로 다른 한 개는 반시계 방향으로 하면 쉽게 한 곳으로 모을 수 있습니다.

(2) 아래와 같이 숫자를 적고 1 위에 있는 동전 개수의 합을 생각합니다. 그런데 동전 두 개를 한 칸 움직이면 1 위에 동전의 개수는 2개 증가 또는 2개 감소하거나 변하지 않습니다. 그러므로 1 위에 있는 동전 개수의 짝수, 홀수 값은 변하지 않습니다. 1 위에 있는 동전 개수의 짝수, 홀수 값이 변하지 않으면서 3개에서 6개 또는 0개로 움직여야 하므로 이는 불가능합니다.

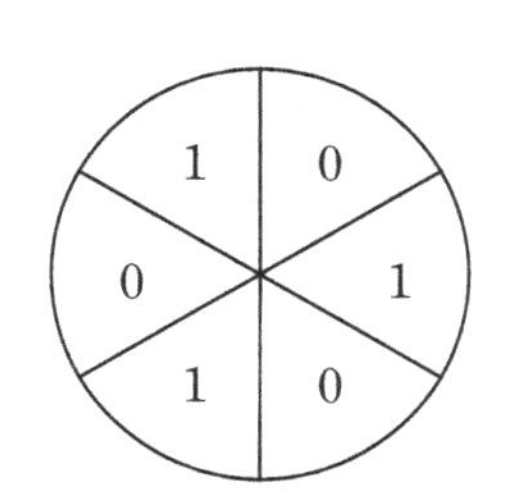

2. (1) 두 개의 컵을 동시에 뒤집으면 2개가 줄거나 2개가 늘거나 변하지 않습니다. 즉, 뒤집어진 컵의 짝수, 홀수는 변하지 않습니다. 처음에 뒤집어진 컵의 개수가 3개(홀수)이므로 뒤집혀진 컵의 개수가 0개(짝수)가 될 수 없습니다.

(2) 두 개의 컵을 동시에 뒤집으면 뒤집어진 컵의 짝수, 홀수는 변하지 않습니다. 처음에 뒤집어진 컵의 개수가 5개(홀수)이므로 뒤집어진 컵의 개수가 0개(짝수)가 될 수 없습니다.

(3) 한 번에 4개의 컵을 동시에 뒤집으면, 4가 짝수이므로 뒤집는 횟수의 총합도 짝수입니다. 따라서 몇 번인가 뒤집으면 6개의 컵 모두를 똑바로 놓을 수 있습니다. 다음 표와 같이 ↑는 바로 세워 놓은 컵을 나타내고, ↓는 뒤집어 놓은 컵을 표시하였을 때 다음과 같이 3번 뒤집으면 6개의 컵 모두를 똑바로 놓을 수 있습니다.

컵 번호	1	2	3	4	5	6
시작 위치	↓	↓	↓	↓	↓	↓
첫 번째	↑	↑	↑	↑	↓	↓
두 번째	↑	↓	↓	↓	↑	↓
세 번째	↑	↑	↑	↑	↑	↑

이 때 각 줄의 음영은 매 회 뒤집어진 컵을 나타냅니다.

6개의 컵이 뒤집어진 횟수는 각 컵이 음영으로 표시된 수를 세어 보면 됩니다. 각각 1, 3, 3, 3, 1, 1이므로 6개의 컵이 뒤집어진 횟수의 합은 1+3+3+3+1+1=12(번)으로 짝수입니다. 또 가로 방향으로 보면 매 회마다 4개의 컵을 뒤집어 놓았으므로 모두 4×3=12(번)으로 역시 짝수입니다. 따라서 6개의 컵을 4개씩 동시에 뒤집으면 모두 똑바로 놓을 수 있습니다.

수학비밀30 마지막에 남는 모양

2. ♠가 5장, ♥가 6장이므로 ♥ 모양은 짝수 개입니다. 따라서 마지막에 남는 모양은 ♠가 됩니다.

3. ♠가 18장, ♥가 19장이므로 ♥ 모양은 홀수 개이기 때문에 마지막에 남는 모양은 ♥입니다.

수학비밀31 좌석 옮기기

1. 좌석을 다음과 같이 ○, ✕로 구분하면 원래 ○자리에 있던 학생은 ✕자리로 이동해야 하고, ✕자리에 있던 학생은 ○자리로 이동해야 합니다. 그런데 ○자리가 13개, ✕자리가 12개이므로 ○자리에 있던 학생이 ✕자리로 옮겨 앉을 수 없습니다.

○	✕	○	✕	○
✕	○	✕	○	✕
○	✕	○	✕	○
✕	○	✕	○	✕
○	✕	○	✕	○

12 한붓그리기 탐구

108~115쪽

수학비밀32 한붓그리기가 가능한 도형

1. (1), (3), (4), (6)

2.

도형 번호	짝수점(개)	홀수점(개)	한붓그리기 가능 여부 (○, ✕)
(1)	4	0	○
(2)	4	4	✕
(3)	8	0	○
(4)	6	0	○
(5)	1	4	✕
(6)	12	0	○

홀수점의 개수가 0개인 경우 한붓그리기가 가능하다.

3. (1), (3), (5), (6)

4.

도형 번호	짝수점(개)	홀수점(개)	한붓그리기 가능 여부 (○, ✕)
(1)	2	2	○
(2)	5	4	✕
(3)	1	2	○
(4)	1	4	✕
(5)	5	2	○
(6)	4	2	○

홀수점 개수가 2개인 경우 한붓그리기가 가능하다.

5. 홀수점의 개수가 0개 또는 2개인 경우 한붓그리기가 가능한 도형이다.

수학비밀33 출발점과 도착점 찾기

1. (1)

출발점	①	②	③	④	⑤	⑥	⑦
도착점	①	②	③	④	⑤	⑥	⑦

(2)

출발점	①	②	③	④	⑤
도착점	①	②	③	④	⑤

(3)

출발점	①	②	③	④
도착점	④	✕	✕	①

(4)

출발점	①	②	③	④	⑤	⑥
도착점	⑥	✕	✕	✕	✕	①

2. (1) 짝수점 (2) 홀수점
(3) 홀수점 (4) 짝수점

홀수점이 2개인 경우 하나의 홀수점은 출발점이 되고, 나머지 홀수점은 도착점이 된다. 따라서 홀수점이 4개인 경우 출발점과 도착점이 각각 2개가 되어 한붓그리기가 가능하지 않다.

3. 홀수점이 0개인 도형이다.

4. 홀수점이 2개인 도형이다.

13 선대칭의 탐구

116~125쪽

수학비밀34 선대칭도형

1. 3, 0

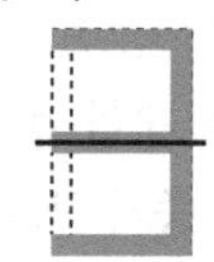
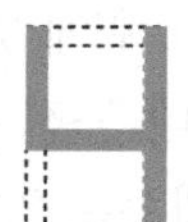
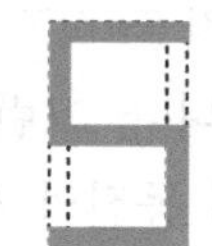
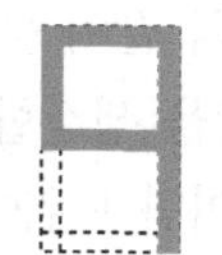
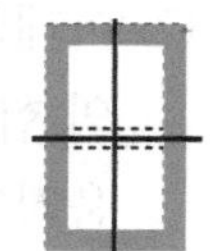

❶ 등변사다리꼴

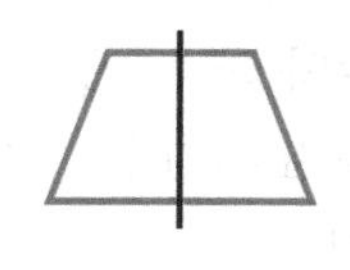

❸ 정삼각형

❹ 정사각형

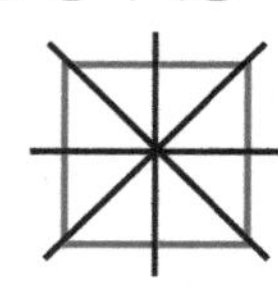

❺ 정오각형

❻ 원

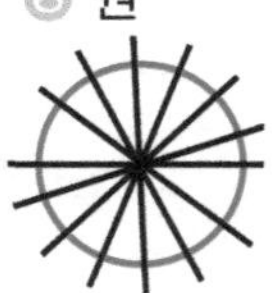

3. • 대칭축으로 접으면 완전히 겹쳐진다. 대칭축으로 접었을 때 대응변의 길이, 대응각의 크기가 서로

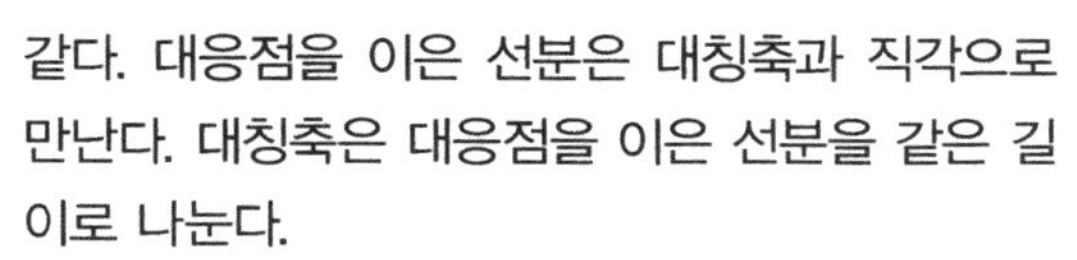

같다. 대응점을 이은 선분은 대칭축과 직각으로 만난다. 대칭축은 대응점을 이은 선분을 같은 길이로 나눈다.

- 대응점을 이은 선분의 수직이등분선을 그리면 그 수직이등분선이 대칭축이 된다.

4. (1) 두 도형이 완전히 겹쳐지게 반으로 접을 수 있다. 선대칭도형에서와 마찬가지로 선대칭인 관계가 있고, 대칭축도 찾을 수 있다.

(2) 대칭축으로 접으면 두 도형이 완전히 겹쳐진다. 접었을 때 대응변의 길이, 대응각의 크기가 서로 같다. 대응점을 이은 선분은 대칭축과 직각으로 만난다. 대칭축은 대응점을 이은 선분을 같은 길이로 나눈다.

5. (1)

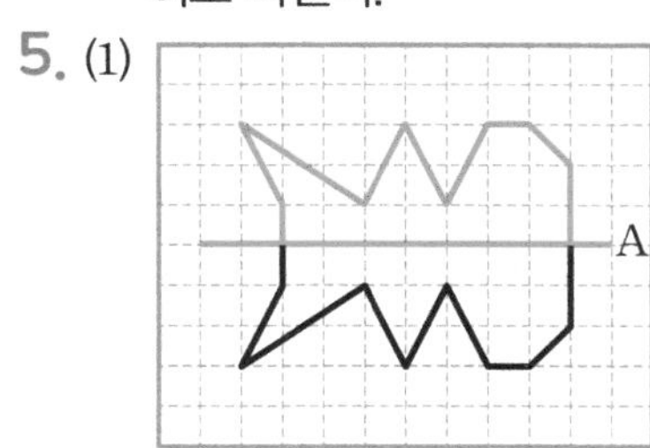

(2)

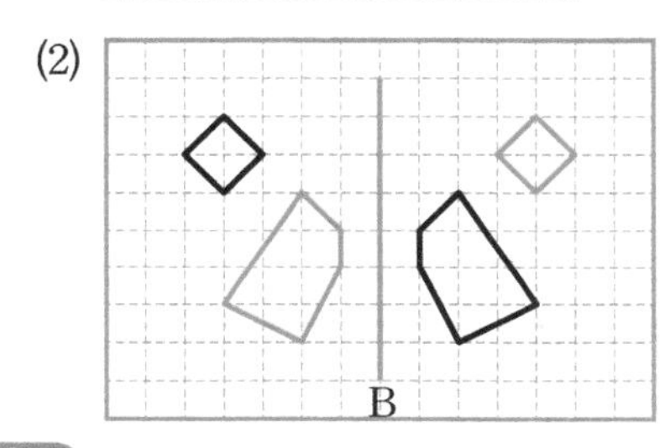

수학비밀 35 선대칭도형 만들기

1. 6개

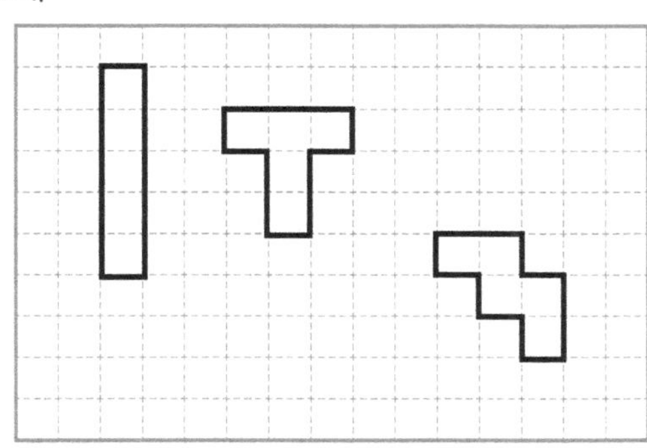

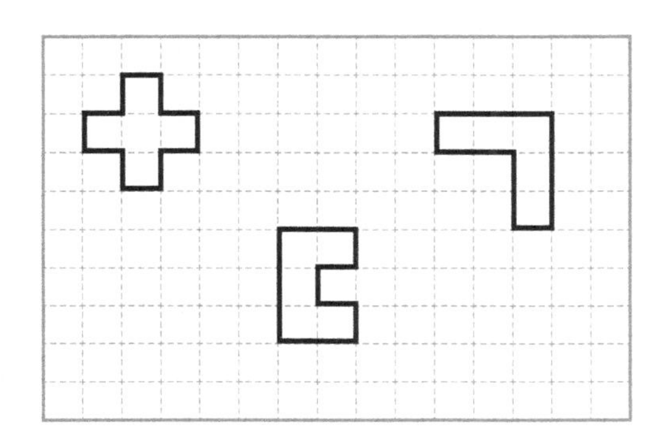

2.

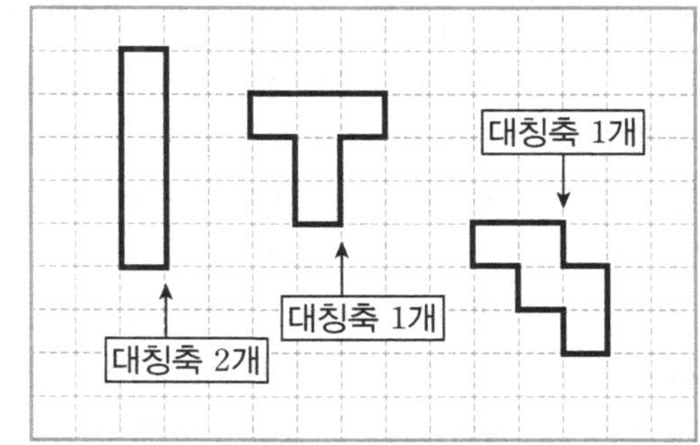

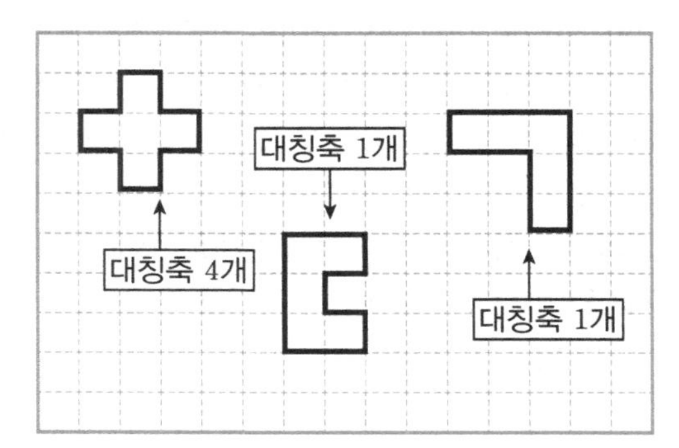

(예시 답안)

- 5개의 정사각형을 변끼리 연결하여 만들 수 있는 도형을 모두 만든 후에 그 중에서 선대칭도형을 찾았다.
- 아래 그림에 표시된 대칭축이 될 수 있는 세 종류 직선에 대하여, 각각의 경우 5개의 정사각형을 선대칭으로 연결하여 배치할 수 있는 경우를 찾았다.

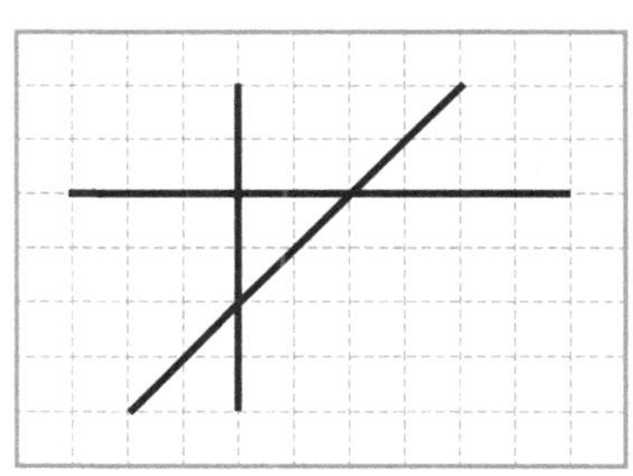

수학비밀 36 성냥개비 게임

1. 먼저 가져가는 사람이 가운데에 있는 5번째 성냥개비 1개 또는 4, 5, 6번째 성냥개비 3개를 한 번에 가져가면 항상 이길 수 있다. 9개의 성냥개비가 5번째 성냥개비를 대칭축으로 선대칭을 이루고 있으므로, 처음 가져갈 때 5번째 성냥개비 (또는 4, 5, 6번째 성냥개비)를 가져가면 양쪽을 선대칭 형태로 만들 수 있다. 이후에는 상대방이 한쪽에서 가져간 성냥개비에 맞춰서 다른 쪽에서 선대칭 형태가 되도록 가져가면 마지막 성냥개비를 가져갈 수 있다.

2. 먼저 가져가는 사람이 가운데에 있는 51번째 성냥개비 1개 또는 50, 51, 52번째 성냥개비 3개를 한 번에 가져가면 항상 이길 수 있다. 101개의 성냥개비가 51

번째 성냥개비를 대칭축으로 선대칭을 이루고 있으므로, 처음 가져갈 때 51번째 성냥개비(또는 50, 51, 52번째 성냥개비)를 가져가면 양쪽을 선대칭 형태로 만들 수 있다. 이후에는 상대방이 한 쪽에서 가져간 성냥개비에 맞춰서 다른 쪽에서 선대칭 형태가 되도록 가져가면 마지막 성냥개비를 가져갈 수 있다.

3. 먼저 가져가는 사람이 50, 51번째 성냥개비 2개를 한 번에 가져가면 항상 이길 수 있다. 100개의 성냥개비가 50, 51번째 성냥개비 사이의 세로선을 대칭축으로 선대칭을 이루고 있으므로, 처음 가져갈 때 50, 51번째 성냥개비를 가져가면 양쪽을 선대칭 형태로 만들 수 있다. 이후에는 상대방이 한 쪽에서 가져간 성냥개비에 맞춰서 다른 쪽에서 선대칭 형태가 되도록 가져가면 마지막 성냥개비를 가져갈 수 있다.

수학비밀37 가장 짧은 길 찾기

1.

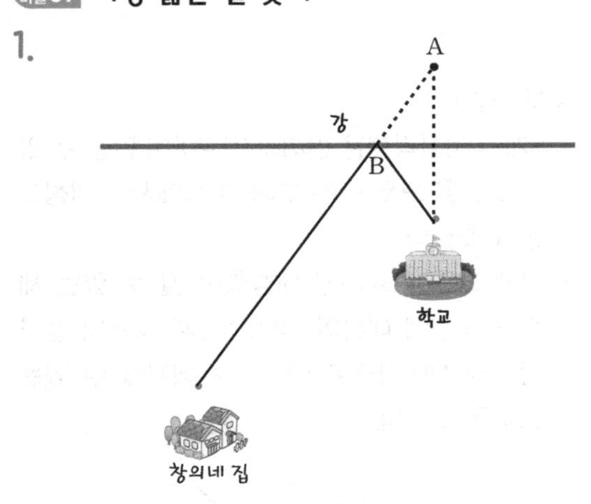

풀이 참고

2.

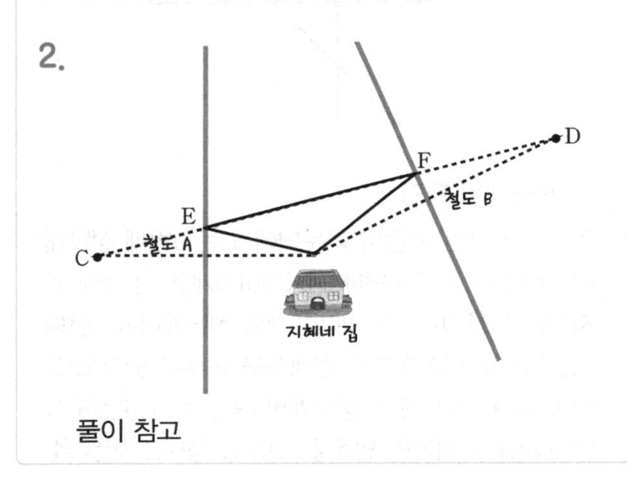

풀이 참고

풀이

수학비밀34 선대칭도형

2. 평행사변형은 어떤 직선으로 접어도 완전히 겹쳐지지 않습니다. 따라서 평행사변형은 선대칭도형이 아닙니다.

등변사다리꼴은 대칭축이 1개밖에 없지만, 정삼각형은 3개, 정사각형은 4개, 정오각형은 5개의 대칭축이 있습니다. 또 원의 중심을 지나는 직선, 즉 지름은 모두 원의 대칭축이 되므로 원에는 무수히 많은 대칭축이 있습니다.

수학비밀37 가장 짧은 길 찾기

1. 강을 나타내는 선을 대칭축으로 학교와 선대칭인 점을 A라고 합니다. 창의네 집과 점 A를 잇는 직선이 강과 만나는 점을 B라고 할 때, 창의네 집에서 B까지 간 후 수질 오염도를 측정하고 점 B에서 학교로 가는 길이 가장 짧습니다.

만약 강을 나타내는 선 위의 다른 점 C에 들렀다가 학교에 간다면 그 거리는 창의네 집에서 점 C까지 간 후에 선분 AC 만큼 더 가는 거리와 같습니다. 그런데 점 B에 들렀다가 학교에 가는 거리는 창의네 집에서 점 A까지 직선으로 가는 거리와 같으므로 점 B에 들렀다가 학교에 가는 거리가 항상 가장 짧습니다.

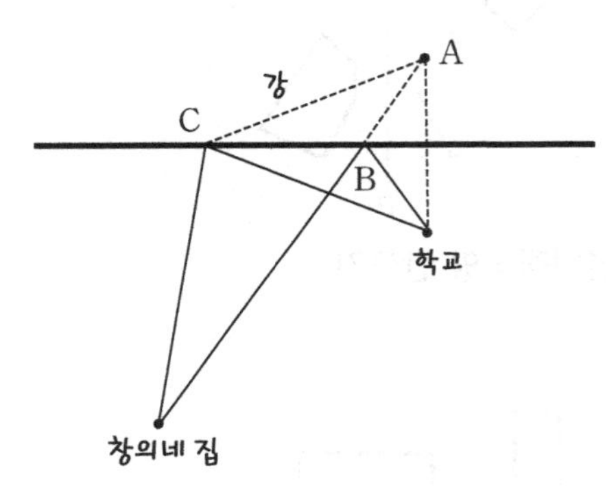

2. 철도 A를 나타내는 선을 대칭축으로 지혜네 집과 선대칭인 점을 C, 철도 B를 나타내는 선을 대칭축으로 지혜네 집과 선대칭인 점을 D라고 합니다. 직선 CD가 철도 A, 철도 B를 나타내는 선과 만나는 점을 각각 점 E, 점 F라 하면 지혜네 집을 출발하여 직선으로 점 E, 점 F를 들렀다가 집으로 돌아오는 길이 가장 짧은 경로입니다.
철도 A를 나타내는 선 위의 다른 점 G, 철도 B를 나타내는 선 위의 다른 점 H에 들렀다가 집으로 돌아온다면, 그 경로는 선분 CG, 선분 GH, 선분 HD의 길이의 합과 같습니다. 그런데 점 E와 점 F를 들렀다가 돌아오는 경로는 선분 CD의 길이의 합과 같으므로 점 E, 점 F에 들렀다가 돌아오는 거리가 항상 가장 짧습니다.

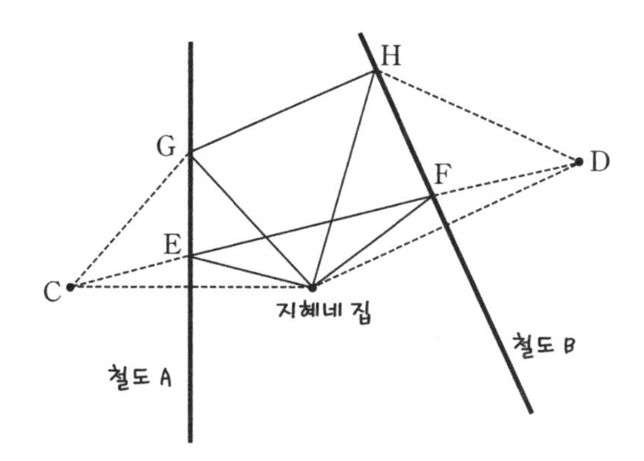

 점대칭의 탐구

126~131쪽

수학비밀 38 점대칭도형

1. ③ 평행사변형 ④ 마름모 ⑤ 직사각형

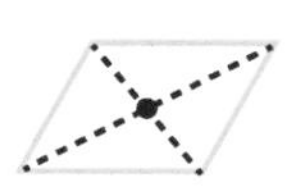 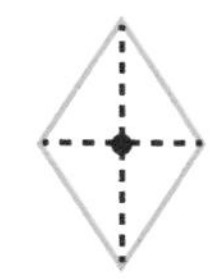 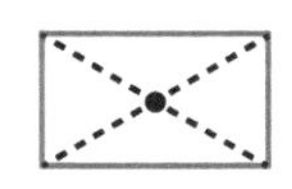

⑦ 정사각형 

 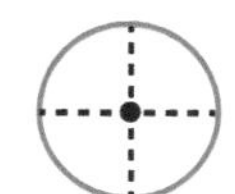

2. • 대칭의 중심을 중심으로 180° 돌렸을 때, 처음 도형과 완전히 겹쳐진다. 대응변의 길이가 서로 같다. 대응각의 크기가 서로 같다. 대칭의 중심은 대응점을 이은 선분을 같은 길이로 나눈다.
• 대응점을 이은 선분의 중점이 대칭의 중심이다. 따라서 서로 다른 두 쌍의 대응점을 연결한 두 선분의 교점도 대칭의 중심이다.

3. 꼭짓점의 개수가 홀수인 다각형 중에 점대칭도형은 없다.
점대칭도형의 모든 꼭짓점은 대칭의 중심에 대해 그 자신의 대응점을 가진다. 따라서 하나의 꼭짓점에 대해 항상 하나의 대응점이 존재하므로 다각형인 점대칭도형의 꼭짓점의 개수는 항상 짝수이다.

4. (1) 전체 직사각형 사각 격자를 한 점을 중심으로 180° 돌려서 완전히 겹쳐지게 할 수 있다. 점대칭도형에서와 마찬가지로 점대칭인 관계가 있고, 대칭의 중심도 찾을 수 있다.
(2) 대칭의 중심으로 180° 돌렸을 때 두 도형이 완전히 겹쳐진다. 돌렸을 때 대응변의 길이, 대응각의 크기가 서로 같다. 대응변이 서로 평행하다. 대칭의 중심은 대응점을 이은 선분을 같은 길이로 나눈다.

5. (1)

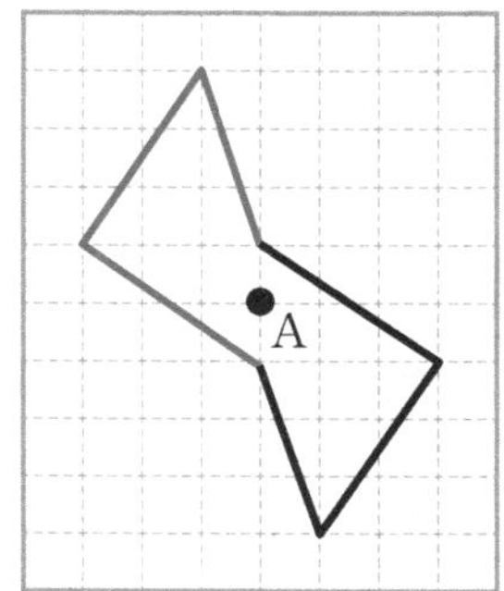

(2)

수학비밀 39 합동으로 나누기

1. (1)

(2)

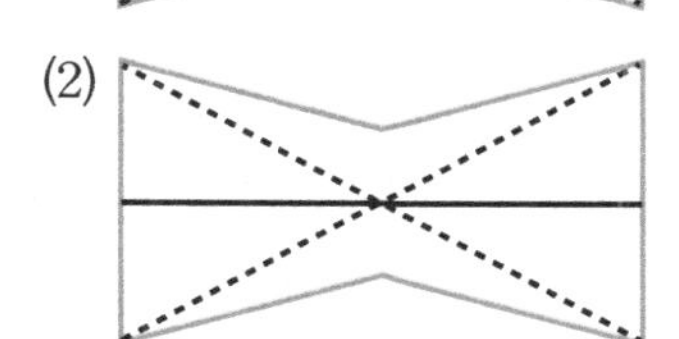

(3)

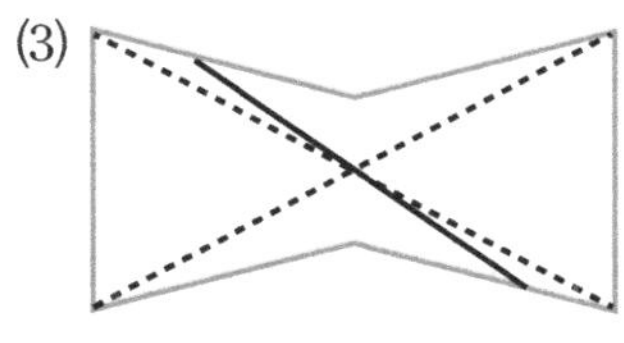

(4)

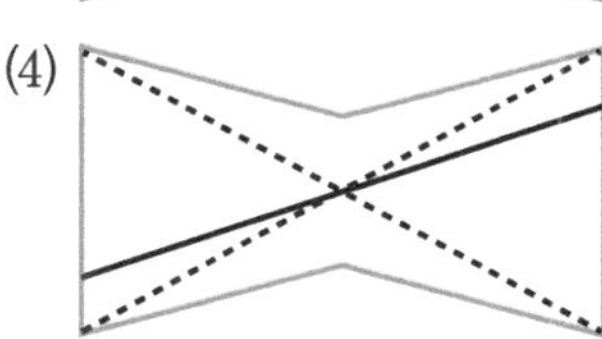

2. (1) 합동이다.
(2) 다음과 같이 평행사변형의 두 대각선의 교점을 대칭의 중심이 되도록 점대칭 형태의 선을 그리면, 다양한 방법으로 평행사변형을 두 개의 합동인 도형으로 나눌 수 있다.

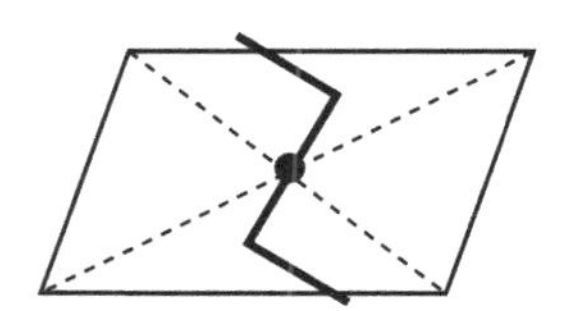

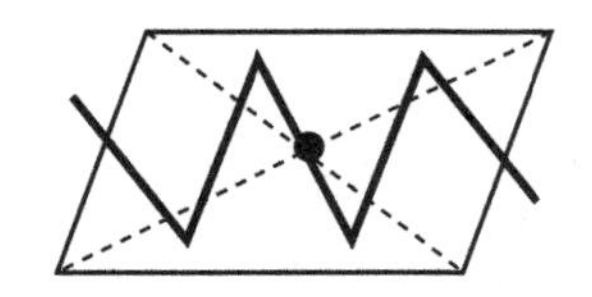

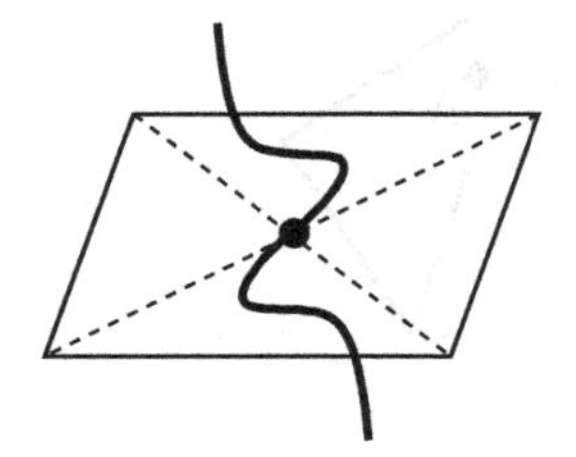

3. 점대칭도형의 대칭의 중심을 대칭의 중심으로 하는 점대칭 형태의 선을 그리면 점대칭도형을 두 개의 합동인 도형으로 나눌 수 있다.

풀이

수학비밀38 점대칭도형

1. 어떤 점을 중심으로 180° 돌렸을 때, 처음 도형과 완전히 겹쳐지는 도형은 평행사변형, 마름모, 직사각형, 정사각형, 원입니다. 정삼각형은 120°, 240° 돌려서, 정오각형은 72°, 104°, 176°, 248° 돌려서 완전히 겹쳐지게 만들 수 있습니다. 따라서 점대칭도형이라고 잘못 생각할 수 있지만, 점대칭도형은 180° 만큼 돌렸을 때에 완전히 겹쳐지는 도형이므로 정삼각형, 정오각형은 점대칭도형이 아닙니다.

수학비밀39 합동으로 나누기

2. (2) 평행사변형의 두 대각선의 교점을 대칭의 중심이 되도록 점대칭 형태의 선을 그리면 평행사변형을 두 개의 합동인 도형으로 나눌 수 있습니다.

15 논리 수수께끼

132~139쪽

수학비밀40 수다쟁이 마을

1. (1) 거짓 (2) 참 (3) 거짓 (4) 참
2. 두꺼비

수학비밀41 고양이 교수 마을

1. (1)

	1교시	2교시	3교시	4교시
교수	얼룩이	노랑이	까망이	하양이

(2) 3교시

	1교시	2교시	3교시	4교시
교수	얼룩이	노랑이	까망이	하양이
과목	암호	논리	퍼즐	게임

2. (1) 나올 수 없다.
(2) 세 고양이 교수가 쓰고 있는 모자가 두 개는 파란 모자, 한 개는 빨간 모자일 때, 파란 모자를 쓴 교수는 자기가 쓴 모자의 색을 알 수 있다.

수학비밀42 장난꾸러기 마을

1. B 상자
2. A 상자

풀이

수학비밀40 수다쟁이 마을

1. (1) 9는 3의 배수이지만 6의 배수는 아닙니다. 이와 같이 홀수인 3의 배수는 6의 배수가 아니므로 도도새의 말은 거짓입니다.
(2) 어떤 자연수를 n이라 하면 $n+(n+3)=2n+3$이므로 항상 홀수가 됩니다.
(3) 정사각형이 아닌 직사각형도 있으므로 비둘기의 말은 거짓입니다.
(4) 정삼각형은 이등변삼각형이기도 합니다. 따라서 어떤 이등변삼각형은 정삼각형이므로 토끼의 말은 참입니다.

2. 두 문장에서 '어떤 꽃은 아름답다.'라는 결론을 얻을 수 있습니다. 하지만 '모든 꽃이 아름답다.'는 결론을 얻을 수는 없으므로 도도새의 말은 참이 아닙니다.
또, 어떤 꽃이 아름답다는 사실은 알 수 있지만 이로부터 꽃이 아닌 것은 아름답지 않다는 결론을 얻을 수 없으므로, '아름다운 것은 모두 꽃이다.'라는 토끼의 말도 참이 아닙니다.
'어떤 꽃은 좋은 향기가 난다.'라는 문장에서는 '어떤 꽃은 나쁜 향기가 나거나, 향기가 없을 수도 있다.'라는 사실을 알 수 있으므로 '아무 향기가 없으면 꽃이 아니다.'라는 비둘기의 말도 참이 아닙니다.
'좋은 향기가 나는 것은 모두 아름답다.'라는 문장에서 '아름답지 않으면 좋은 향기가 나지 않는다.'는 사실을 알 수 있습니다. 따라서 두꺼비의 말은 참입니다.

수학 비밀 41 고양이 교수 마을

1. (1) 얼룩이 교수의 말에서 얼룩이 교수의 수업과 노랑이 교수의 수업이 앞뒤로 붙어 있음을 알 수 있습니다.
또, 까망이 교수의 수업은 얼룩이 교수의 수업보다 늦게 시작하는데 노랑이 교수의 수업이 얼룩이 교수의 수업 바로 뒤이므로 까망이 교수의 수업은 노랑이 교수의 수업 뒤이고 게임 수업 앞임을 알 수 있습니다.
전체 수업이 4개이므로 '얼룩이－노랑이－까망이－게임' 순서로 수업이 이루어져 있음을 알 수 있고, 하양이 교수가 게임 수업을 4교시에 진행한다는 사실도 알 수 있습니다.
(2) (1)에서 게임 수업이 4교시임을 알았습니다. 암호 수업은 논리 수업보다 먼저 하는데, 암호 1교시, 논리 3교시이면 퍼즐과 암호 수업이 연달아 있게 되고, 암호 2교시, 논리 3교시인 경우에도 퍼즐과 암호 수업이 연달아 있게 됩니다. 따라서 암호가 1교시, 논리가 2교시, 퍼즐이 3교시, 게임이 4교시입니다.

2. (1) 세 교수가 쓰고 있는 모자가 한 개는 파란 모자, 두 개는 빨간 모자였다면 파란 모자를 쓴 교수는 다른 두 교수가 쓴 모자가 모두 빨간 모자라는 사실을 알 수 있습니다. 영재가 처음에 파란 모자 3개와 빨간 모자 2개를 꺼냈으므로, 빨간 모자는 모두 두 개 밖에 없으므로 파란 모자를 쓴 교수는 자신이 쓴 모자가 파란색이라는 사실을 바로 알 수 있습니다. 따라서 이런 경우에는 그림과 같이 세 교수 모두가 자신의 모자가 무슨 색인지 모르는 상황은 나올 수 없습니다.
(2) 세 교수가 쓰고 있는 모자가 두 개는 파란 모자, 한 개는 빨간 모자이면 파란 모자를 쓴 교수가 보기에는 다른 두 교수가 쓴 모자가 파란 모자 1개, 빨간 모자 1개이므로 자신의 모자가 무슨 색인지 알 수 없습니다. 마찬가지로 빨간 모자를 쓴 교수가 보기에는 다른 두 교수가 쓴 모자가 모두 파란 모자인데, 파란 모자는 모두 3개가 있으므로 역시 자신의 모자가 무슨 색인지 알 수 없습니다. 따라서 모든 교수가 자신의 모자가 무슨 색인지 모르겠다고 말할 수 있는 상황입니다.
이제 까망이 교수가 보기에 다른 두 교수가 쓴 모자는 파란 모자 1개, 빨간 모자 1개입니다. 까망이 교수 입장에서 다음과 같이 생각할 수 있습니다.
'내가 만약 빨간 모자를 쓰고 있다면 파란 모자를 쓴 교수가 보기에 나머지 두 명이 빨간 모자를 쓴 것이니까 그 교수는 자신의 모자 색을 알아야 한다. 그런데 모른다고 말했으니까 나는 지금 파란 모자를 쓰고 있는 것이다.'
따라서 까망이 교수는 위와 같은 사고를 통해 자신의 모자가 파란색이라는 사실을 알 수 있습니다.

수학 비밀 42 장난꾸러기 마을

1. ① 첫째가 진실을 말하고 둘째와 셋째가 거짓말을 한 경우
첫째의 말에 의하면 A 상자에 선물이 들어 있어야 하는데, 둘째의 말이 거짓말이 되려면 B 상자에도 선물이 들어 있어야 하므로 일어날 수 없는 경우입니다.
② 둘째가 진실을 말하고, 첫째와 셋째가 거짓말을 한 경우
첫째의 말이 거짓말이려면 A 상자가 비어 있어야 하는데, 셋째가 거짓말을 하려면 A 상자에 선물이 들어 있어야 하므로 일어날 수 없는 경우입니다.
③ 셋째가 진실을 말하고 첫째와 둘째가 거짓말을 한 경우
셋째가 진실을 말했으므로 A 상자가 비어 있어야 하고, 이 경우에 첫째는 거짓말을 한 것이 됩니다. 이제 둘째가 거짓말을 하였으므로 선물은 B 상자에 들어 있음을 알 수 있습니다.

2. 진실과 거짓말이 섞여 있다고 하였으므로 진실을 말한 사람과 거짓말을 한 사람이 적어도 한 명씩 있어야 합니다.
① 첫째가 진실을 말했다면, 둘째의 말도 진실이 되므로 셋째는 거짓말을 한 것입니다. 그러면 첫째의 말에 의해 B 상자가 비어 있고, 셋째의 말에 의해 C 상자가 비어 있어야 하므로 선물은 A 상자에 들어 있음을 알 수 있습니다.
② 첫째가 거짓말을 했다면, 둘째의 말도 거짓말이 됩니다. 따라서 셋째는 진실을 말한 것입니다. 그

러면 첫째의 말에 의해 선물이 B 상자에 있어야 하는데 셋째의 말이 진실이려면 선물이 C 상자 안에 있어야 하므로 일어날 수 없는 경우입니다.

16 노노그램 탐구 140~143쪽

수학비밀 43 노노그램

1. 세로줄(또는 가로줄)에 쓰여 있는 수만큼 그 세로줄(또는 가로줄)의 연속된 칸에 색칠한다. 여러 수가 쓰여 있는 경우에는, 중간에 빈 칸을 두고 그 각각의 수만큼 연속된 칸에 색칠한다. 예를 들면, 가로줄의 왼쪽에 '3 2'가 쓰여 있다면 그 가로줄의 어떤 위치에 연속된 세 칸을 칠하고, 몇 칸의 빈칸을 두고 다시 연속된 두 칸을 칠하면 된다.

2. (1) 모자

	1	5	1 1	5	1
3					
1 1					
1 1					
1 1					
5					

(2) 고양이

	2	4	8	4 3	2 2	1	3	3
1 1								
3								
5								
5								
1 1								
1 1								
2 2								
3 1								
5								

(예시 답안)

- 가로줄(또는 세로줄)의 칸 수와 같은 크기의 수가 쓰여 있는 경우, 그 줄을 먼저 다 칠한다.
- 어떤 줄의 필요한 칸이 이미 칠해진 경우에는, 나머지 칠하면 안 되는 칸에 ✕ 표시를 한다.
- 사각형의 테두리에 칠해진 칸이 있는 경우, 그 줄에 쓰여 있는 수를 보고 몇칸을 연속해서 칠해야 하는지 결정한다.

3. 토끼

	10	3 2	1 1 1	1 1	4 1 1	3 1	1 1 1	1 1	4 2	10
10										
2 2 2										
2 2 2										
1 1 2										
1 1										
1 1 1 1										
1 1										
1 1 1										
2 2										
10										

4. 지혜

	1 3 3	1 2 1 1 1	3 2 1 1	1 2 1 1 1	1 3 3	0	1 1	5	5	5
5 1										
1 1										
3 1										
2 2 1										
1 1 1 1										
5 1 1										
2 1										
5 1 1										
1 1 2 1										
5 1 1										

(예시 답안)

- 연속해서 칠해야 하는 칸 사이의 빈 칸을 한 칸으로 생각하고 한 줄의 수를 모두 더했을 때 그 결과가 한 줄의 전체 칸 수와 같으면, 그 줄을 완성할 수 있다.

풀이

수학비밀 43 노노그램

2. (2)는 다음과 같은 순서로 해결할 수 있습니다.

① 가장 밑줄에 5칸이 이미 색칠되어 있으므로 색칠된 다섯 칸의 세로줄 위에 쓰여 있는 수를 보고 몇 칸이 연속으로 색칠되어야 하는 지 결정합니다.

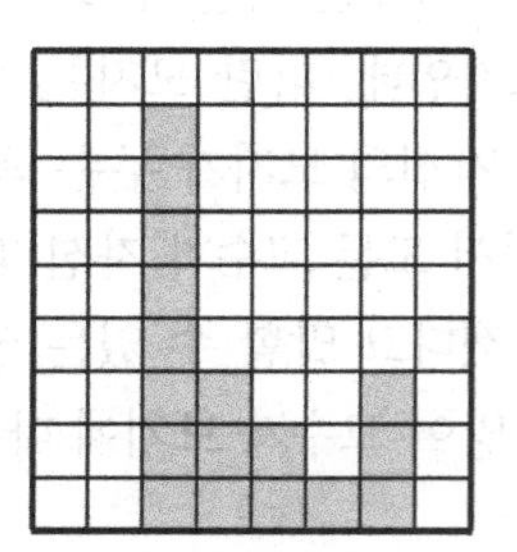

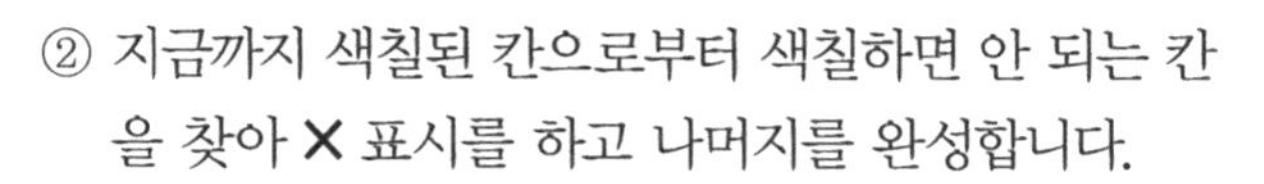

② 지금까지 색칠된 칸으로부터 색칠하면 안 되는 칸을 찾아 × 표시를 하고 나머지를 완성합니다.

		×			×	×	
					×	×	
					×	×	
					×	×	
	×		×		×	×	
	×		×		×	×	
×	×			×	×		
×	×				×		×
×	×						×

3. 다음과 같은 순서로 해결할 수 있습니다.

① 모든 테두리의 왼쪽, 위에 쓰여 있는 수가 10이므로 모든 테두리를 먼저 칠합니다. 각 줄에 쓰여 있는 수를 보고 테두리에 연결해서 몇 칸이 연속으로 색칠되어야 하는지 결정합니다.

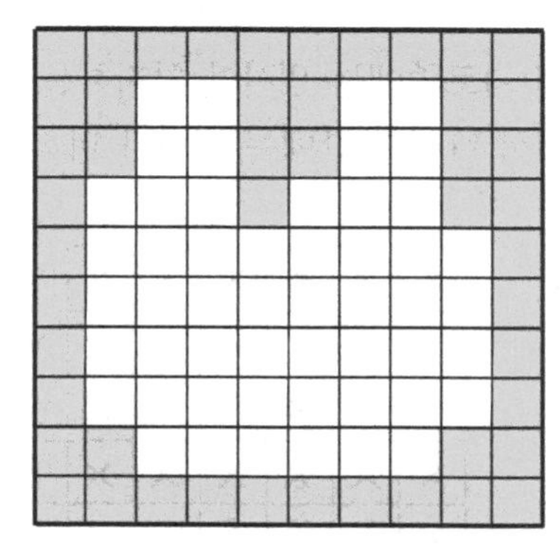

② 지금까지 색칠된 칸으로부터 색칠하면 안 되는 칸을 찾아 × 표시를 하고, 나머지를 완성합니다.

		×	×			×	×		
		×	×			×	×		
	×	×	×		×	×	×		
	×	×	×	×	×	×	×	×	
	×		×	×	×		×	×	
	×	×	×	×	×	×	×	×	
	×	×	×		×	×	×	×	
		×	×	×	×	×	×		

17 병사 배치 퍼즐 탐구

144~147쪽

수학비밀 44 병사 배치 퍼즐

1. (예시 답안)

- 0이 쓰여 있는 위에서 세 번째 가로줄과 왼쪽에서 세 번째 세로줄에는 아무 병사도 배치될 수 없다는 사실을 알 수 있다. 여기에는 ×를 표시하여 병사가 배치될 수 없음을 표시할 수 있다.
- 위에서 첫 번째 가로줄에 이미 병사가 한 칸에 배치되어 있으므로 첫 번째 가로줄의 나머지 칸에도 ×를 표시할 수 있다.
- 왼쪽에서 두 번째 세로줄에 '2'가 쓰여 있으므로 두 번째 세로줄에 배치된 병사는 2칸 병사이다.

	3	2	0	2	1	1
1	×	▲	×	×	×	×
3	×	▼	×			
0	×	×	×	×	×	×
3		×	×			
1		×	×			
1		×	×			

2.

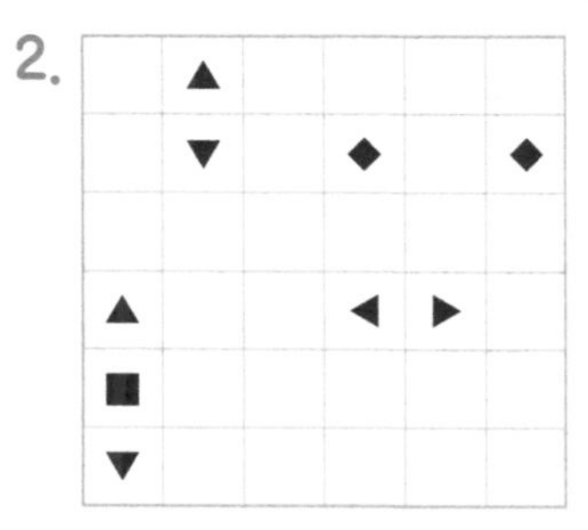

수학비밀 45 병사 배치 퍼즐 해결 전략

1. (1)

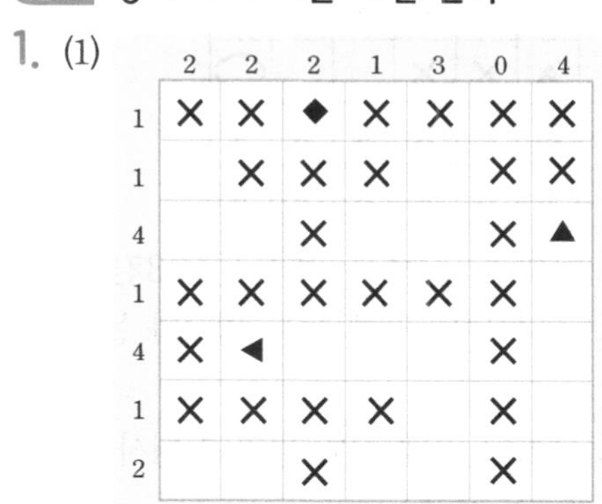

(2)

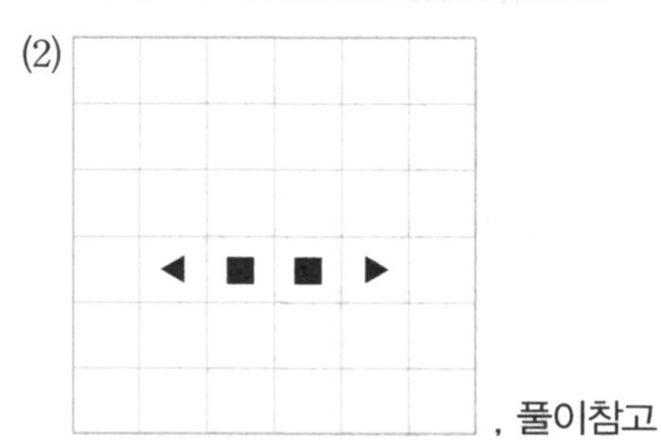

, 풀이참고

(3)

	2	2	2	1	3	0	4
1			◆				
1					▲		
4	◀	▶			▼		▲
1							■
4		◀	■	▶			■
1							▼
2	◆				◆		

2.

	2	1	1	3	0	3
1				▲		
2	◆			▼		
1						◆
3		◀	■	▶		
1						▲
2	◆					▼

풀이

수학비밀 44 병사 배치 퍼즐

2. 다음과 같은 순서로 병사 배치 퍼즐을 해결할 수 있습니다.

① 왼쪽에서 첫 번째 세로줄 세 칸이 모두 차야 하므로 이곳에는 3칸 병사가 세로로 배치되어야 합니다.

✕	▲	✕	✕	✕	✕
✕	▼	✕			
✕	✕	✕	✕	✕	✕
▲	✕	✕			◯
■	✕	✕	✕	✕	✕
▼	✕	✕	✕	✕	✕

② 위에서 네 번째 가로줄에는 병사들이 3칸을 차지해야 하므로 남은 두 칸에 모두 병사가 들어와야 합니다.
남은 칸도 규칙에 맞게 채워 나가면 병사들을 모두 배치할 수 있습니다.

✕	▲	✕	✕	✕	✕
✕	▼	✕			
✕	✕	✕	✕	✕	✕
▲	✕	✕	◀	▶	◯
■	✕	✕	✕	✕	✕
▼	✕	✕	✕	✕	✕

수학비밀 45 병사 배치 퍼즐 해결 전략

1. (1) 병사가 A와 B칸도 차지하게 되므로 A, B칸의 가로, 세로, 대각선 방향에도 모두 ✕를 표시해야 합니다. 또, 위에서 네 번째 가로줄에는 병사가 차지하는 칸이 한 칸만 있어야 하는데, A칸을 병사가 차지하므로 나머지 칸은 모두 ✕를 표시해야 하고, 왼쪽에서 세 번째 세로줄에는 병사가 차지하는 칸이 두 칸만 있어야 하는데, B칸도 병사가 차지하므로 나머지 칸은 모두 ✕를 표시해야 합니다.

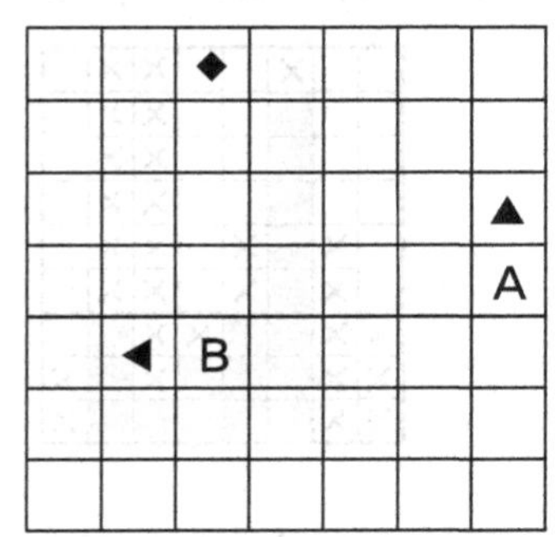

(2) (1)에서 병사가 배치될 수 없는 칸에 ✕를 표시하고 남은 칸을 살펴보면 4칸 병사가 배치될 수 있는 곳은 아래 그림에 표시된 ① 또는 ② 두 군데입니다.
만약 ①에 4칸 병사를 배치한다면 위에서 다섯 번째 가로줄에는 병사가 차지하는 칸이 네 칸이 되어서 나머지 칸에는 병사가 더 배치될 수 없습니다.

✕	✕	◆	✕	✕	✕	✕
	✕	✕	✕		✕	✕
		✕			✕	②
✕	✕	✕	✕	✕	✕	②
✕	①	①	①	①	✕	②
✕	✕	✕	✕		✕	②
		✕			✕	

따라서 아래 그림의 C칸에는 병사를 배치할 수 없습니다. 이제 3칸 병사를 배치해야 하는데, C칸에 병사를 배치할 수 없다면 남아있는 자리 중 3칸 병사가 배치될 수 있는 자리가 없습니다. 이와 같이 ①에 4칸 병사를 배치하면 주어진 모든 병사를 배치할 수 없습니다. 따라서 4칸 병사는 ②에 배치되어야 합니다.

✕	✕	◆	✕	✕	✕	✕
	✕	✕	✕		✕	✕
		✕			✕	
✕	✕	✕	✕	✕	✕	
✕	◀	■	■	▶	✕	C
✕	✕	✕	✕		✕	
		✕			✕	

(3) (2)에서 4칸 병사까지 배치를 끝낸 후의 모습은 아래 그림과 같습니다. 이제 3칸 병사를 배치해야 하는데, 3칸이 연속으로 비어있는

곳이 위에서 5번째 가로줄밖에 없으므로, 3칸 병사가 배치될 수 있는 곳은 한 군데 뿐입니다.

×	×	◆	×	×	×	×
	×	×	×		×	×
		×			×	▲
×	×	×	×	×	×	■
×	◀				×	■
×	×	×	×	×	×	▼
		×			×	×

3칸 병사를 배치하고 병사가 배치될 수 없는 칸에 × 표시하면 그 결과는 아래 그림과 같습니다. 이제 왼쪽에서 5번째 세로줄에 3칸을 병사가 차지해야 하는데 남는 칸이 세 개의 ①칸 밖에 없으므로 세 칸 모두를 병사가 차지해야 합니다. 따라서 왼쪽에서 5번째 세로줄에는 2칸 병사와 1칸 병사가 하나씩 배치됩니다.

×	×	◆	×	×	×	×
	×	×	×	①	×	×
		×	×	①	×	▲
×	×	×	×	×	×	■
×	◀	■	▶	×	×	■
×	×	×	×	×	×	▼
		×	×	①	×	×

왼쪽에서 5번째 세로줄을 완성하고, 병사가 배치될 수 없는 칸에 ×를 표시하면, 위에서 3번째 가로줄에 두 칸이 남는데, 3번째 가로줄의 4칸을 병사가 차지하려면 두 개의 ②칸을 모두 병사가 차지해야 합니다. 따라서 3번째 가로줄에 2칸 병사를 배치하고 나머지를 채우면 병사 배치를 완료할 수 있습니다.

×	×	◆	×	×	×	×
×	×	×	×	▲	×	×
②	②	×	×	▼	×	▲
×	×	×	×	×	×	■
×	◀	■	▶	×	×	■
×	×	×	×	×	×	▼
		×	×	◆	×	×

2. 병사가 배치될 수 없는 칸에 ×를 표시하면 그 결과는 아래의 왼쪽 그림과 같습니다. 3칸 병사가 배치될 수 있는 곳이 위에서 4번째 가로줄밖에 없으므로 그곳에 3칸 병사를 배치하면, 아래 오른쪽 그림과 같이 쉽게 병사 배치를 완성할 수 있습니다.

×	×	×	▲	×	×
	×	×		×	
×	×	×	×	×	
×	◀			×	○
×	×	×	×	×	
	×	×		×	

×	×	×	▲	×	×
◆	×	×	▼	×	×
×	×	×	×	×	◆
×	◀	■	▶	×	○
×	×	×	×	×	▲
◆	×	×	×	×	▼

18 단순화 전략 탐구

148~151쪽

수학비밀 46 작게 만들어 해결하기

1. 만들 수 있다.

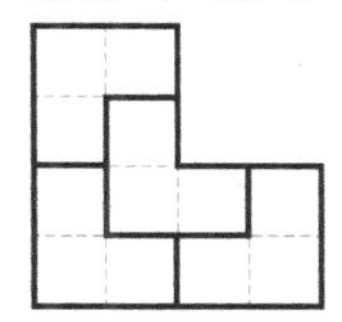

2. 채울 수 있다.

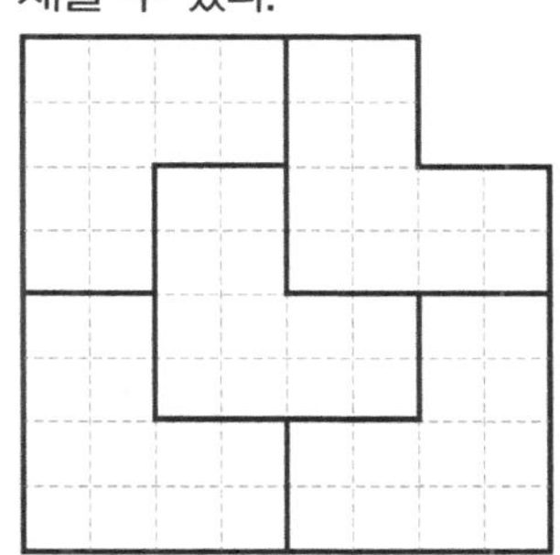

3. 채울 수 있다. 먼저 풀이에 제시한 것과 같이 그림을 5개의 부분으로 나눌 수 있다. 이제 각각의 부분은 1.의 도형 네 개로 채울 수 있고, 1.의 도형은 기본 도형 네 개를 이용하여 만들 수 있으므로 주어진 그림을 기본 도형으로 완전히 채울 수 있다.

수학비밀 47 가짜 금화 찾기

1. (1) 금화 2개의 무게를 비교하면 더 가벼운 금화가 가짜 금화입니다.

(2) 금화 3개 중에서 2개를 선택하여 무게를 비교합니다. 2개의 금화의 무게가 다르다면 더 가벼운 금화가 가짜 금화입니다. 2개의 금화가 무게가 같으면 선택하지 않은 나머지 금화가 가짜 금화입니다.

(3) 양팔 저울을 한 번만 사용해서 가짜 금화를 찾을

수 없습니다.

2. (1) 금화를 숫자가 비슷한 세 그룹으로 나누어, 숫자가 같은 두 그룹의 무게를 비교하여 가짜 금화가 들어있는 그룹을 찾는다.
(2) 세 번

3. 28 이상 81 이하의 모든 자연수

4. 7번

풀이

수학비밀 46 작게 만들어 해결하기

3. 먼저 아래와 같이 그림을 5개 부분으로 나눕니다. 이제 각각의 부분을 다시 다음과 같이 4개의 부분으로 나누고 각각의 부분을 다시 기본 도형 4개로 채울 수 있습니다.

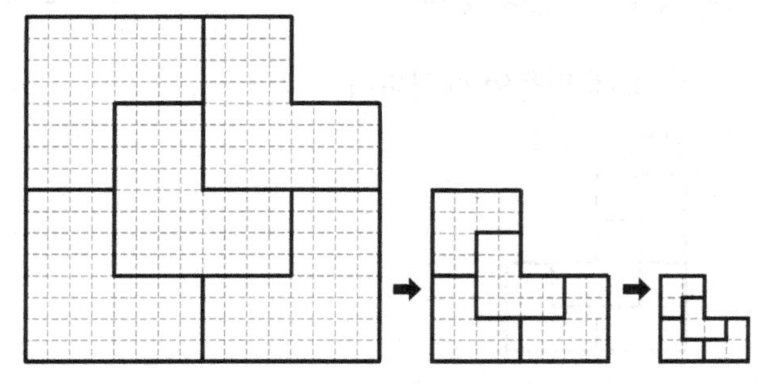

따라서 주어진 그림을 기본 도형으로 완전히 채울 수 있습니다.

수학비밀 47 가짜 금화 찾기

2. (2) 27개의 금화를 9개, 9개, 9개의 세 그룹으로 나눕니다. 먼저 9개짜리 그룹과 다른 9개짜리 그룹의 무게를 비교합니다. 두 그룹의 무게가 다르다면 더 가벼운 그룹에 가짜 금화가 있는 것이고, 두 그룹의 무게가 같다면 나머지 한 그룹에 가짜 금화가 있는 것입니다. 이제 가짜 금화가 들어 있는 9개짜리 그룹을 3개, 3개, 3개의 세 그룹으로 나누어 그 중 두 그룹의 무게를 비교하면 가짜 금화가 들어 있는 3개짜리 그룹을 찾을 수 있습니다. 이제 양팔 저울을 한 번 더 사용하면 가짜 금화를 찾을 수 있습니다.

3. 어떤 경우에도 가짜 금화를 찾을 수 있는 가장 좋은 전략은 금화를 비슷한 개수의 세 그룹으로 나누어 그 중 개수가 같은 두 그룹의 무게를 비교하여 가짜 금화가 들어 있는 그룹을 찾는 것입니다. 이와 같은 전략을 사용하면 금화 27(=3×3×3)개의 경우에는 양팔 저울을 세 번 사용해서 가짜 금화를 찾을 수 있고, 금화 81(=3×3×3×3)개의 경우에는 양팔 저울을 네 번 사용해서 가짜 금화를 찾을 수 있습니다. 금화의 개수가 28개 이상 81개 이하인 경우에는 양팔 저울을 세 번 사용했을 때는 가짜 금화를 못 찾을 수도 있지만, 양팔 저울을 네 번 사용하면 가짜 금화를 반드시 찾을 수 있습니다.

4. 1001개의 금화를 334개, 334개, 333개의 세 그룹으로 나누어 334개짜리 그룹과 다른 334개짜리 그룹의 무게를 비교하면 가짜 금화가 들어 있는 그룹을 찾을 수 있습니다. 더 운이 안 좋은 경우는 가짜 금화가 334개의 그룹에 있는 경우입니다. 이제 334개의 금화를 111개, 111개, 112개의 세 그룹으로 나누어 111개 두 그룹의 무게를 비교하면 가짜 금화가 들어 있는 그룹을 찾을 수 있습니다. 같은 방법으로 진행하면 가장 운이 안 좋은 경우 가짜 금화가 들어 있는 그룹의 크기를 1001→334→112→38→13→5→2→1로 줄일 수 있습니다. 따라서 양팔 저울을 7번 사용하면 가짜 금화를 찾을 수 있습니다.

19 귀납적 추론

152~155쪽

수학비밀 48 곱의 최댓값

1. 4, 2+2의 경우
2. 9, 3+3의 경우
3. 12, 2+2+3과 3+4의 경우
4. • 8은 2+3+3의 경우에 18로 최댓값이 된다.
   • 9는 3+3+3의 경우에 27로 최댓값이 된다.
5. (1) 1을 사용하면 안된다. 1은 곱해도 결과가 커지지 않기 때문에, 합에 1이 포함되는 경우보다 그 1을 다른 아무 수에나 더해서 1을 없애는 경우에 곱의 결과가 더 커진다.
(2) 5 이상의 자연수를 사용하면 안된다. 5 이상의 자연수는 더 작은 수 2개로 나누어서 곱할 때 곱이 더 커진다. 5=2+3, 6=2+4, 7=2+5, 8=2+6과 같이 다양한 경우에서 쉽게 확인할 수 있다.
(3) 2, 3, 4의 합으로 이루어져 있다.
(4) 2와 3의 합으로 나타내면서 3을 가능한 많이 사용한 경우
6. $2\times2\times\underbrace{3\times3\times\cdots\times3\times3}_{32개}$ $(=2^2\times3^{32})$

풀이

수학 비밀 48 곱의 최댓값

1. 4를 두 개 이상의 자연수의 합으로 나타내는 방법은 다음 4가지입니다.
$1+1+1+1$, $1+1+2$, $1+3$, $2+2$
각각의 경우 사용된 자연수를 모두 곱한 값은 각각 1, 2, 3, 4입니다.

2. 6을 두 개 이상의 자연수의 합으로 나타내는 방법은 다음 10가지입니다.
$1+1+1+1+1+1$, $1+1+1+1+2$, $1+1+1+3$, $1+1+2+2$, $1+1+4$, $1+2+3$, $1+5$, $2+2+2$, $2+4$, $3+3$
각각의 경우 사용된 자연수를 모두 곱한 값은 각각 1, 2, 3, 4, 4, 6, 5, 8, 8, 9입니다.

3. 7을 두 개 이상의 자연수의 합으로 나타내는 방법은 다음 14가지입니다.
$1+1+1+1+1+1+1$, $1+1+1+1+1+2$, $1+1+1+1+3$, $1+1+1+2+2$, $1+1+1+4$, $1+1+2+3$, $1+1+5$, $1+2+2+2$, $1+2+4$, $1+3+3$, $1+6$, $2+2+3$, $2+5$, $3+4$
각각의 경우 사용된 자연수를 모두 곱한 값은 각각 1, 2, 3, 4, 4, 6, 5, 8, 8, 9, 6, 12, 10, 12입니다.

4. 1.~3.을 통해 2, 3, 4만 사용한 경우에 곱이 최댓값이 됨을 알 수 있습니다. 8을 2, 3, 4의 합으로만 나타내는 경우는 $2+2+2+2$, $2+2+4$, $2+3+3$, $4+4$ 네 가지의 경우이고 이 중 곱의 최댓값은 $2+3+3$의 경우에 18입니다. 마찬가지로 9는 $2+2+2+3$, $2+3+4$, $3+3+3$ 세 가지의 경우이고, 이 중 곱의 최댓값은 $3+3+3$의 경우 27입니다.

5. (3) (1), (2)에서 1과 5 이상의 자연수를 사용하지 않는 경우에 곱이 더 커진다는 사실을 확인하였습니다. 따라서 현재까지의 정보를 이용하면 곱이 최댓값이 되는 경우는 2, 3, 4 들의 합으로 이루어져 있는 경우임을 알 수 있습니다.

(4) (3)에서 2, 3, 4만의 합으로 표현했을 경우에 곱이 최대가 됨을 알 수 있습니다. $4=2+2$이고, $4=2\times2$이므로 합으로 나타낼 때 4를 사용하였을 경우 이를 $2+2$로 바꾸어 표현해도 곱의 결과가 같습니다. 따라서 2, 3만의 합으로도 곱이 최대가 되는 경우를 표현할 수 있음을 알 수 있습니다.
2를 3개 이상 사용한 경우에는 $2+2+2$ 대신에 $3+3$으로 바꾸면 $2\times2\times2=8$보다 $3\times3=9$가 더 크므로 곱의 결과가 더 커집니다.
정리해 보면, 2는 2개 이하를 사용해야 합니다. 따라서 곱이 최대가 되는 경우는 2와 3의 합으로 나타내면서 3을 가능한 많이 사용한 경우입니다.
이들의 경우를 나누어 보면 다음과 같습니다.
① 자연수가 3의 배수인 경우, 3만 이용하여 합으로 표현한 경우 곱이 최댓값이 됩니다.
② 자연수가 3으로 나눈 나머지가 1인 경우, 2를 두 번 더하고 나머지는 3만 이용하여 합으로 표현한 경우 곱이 최댓값이 됩니다.
③ 자연수를 3으로 나눈 나머지가 2인 경우, 2를 한 번 더하고 나머지는 3만 이용하여 합으로 표현한 경우 곱이 최댓값이 됩니다.

6. 100을 2와 3의 합으로 나타내면서 3을 가장 많이 사용하는 경우는 2를 2개, 3을 32개 더한 경우입니다. ($100=2\times2+3\times32$) 이 경우에 합에 사용된 자연수들의 곱이 최댓값이 됩니다.

MEMO